断奶食品 宝宝最爱吃的 151道

3—12个月

《健康大讲堂》编委会 主编

黑龙江出版集团
黑龙江科学技术出版社

《健康大讲堂》编委会成员

陈志田　保健营养大师、中华名厨、国际烹饪大师

胡维勤　著名医学科学家、中央首长保健医师

臧俊岐　中国著名针灸学家、主任医师

李开生　中医副教授、副主任医师

王湖光　主治医师

CONTENTS

Part 1

009 "营养均衡"就能培养出健康结实的宝宝

- 010 新手父母一定要知道的事①
- 012 新手父母一定要知道的事②
- 014 3～12个月宝宝适合吃的食物
- 018 副食品的基本料理方法
- 020 方便料理的烹煮器具
- 022 厨房用品的清洗方式

Part 2

025 让宝宝在每个阶段都吃得健康

026 断乳准备期——3～4个月

- 029 白米汤
- 030 蔬菜清汤·柳橙果汁
- 033 苹果汁·草莓果汁·西红柿汁
- 034 草莓稀粥·包菜稀粥
- 037 哈密瓜稀粥·李子稀粥·土豆稀粥
- 039 南瓜稀粥
- 040 黄瓜稀粥·西瓜稀粥
- 043 柿子稀粥·红薯稀粥·梨稀粥

044　栗子稀粥・苹果稀粥

046　**断乳初期——5～6个月**

048　菠菜牛奶稀粥・豆浆
050　包菜菠萝稀粥・草莓牛奶稀粥
053　苹果柳橙稀粥・红薯胡萝卜稀粥・
　　　土豆稀粥
054　栗子青江菜稀粥・萝卜梨稀粥
057　橘子青江菜稀粥・椰菜苹果稀粥・
　　　香蕉菠萝稀粥
059　蛋黄粥
060　香蕉牛奶糊・米粉糊
063　糯米糙米柿子稀粥
065　牛奶花生芝麻糊・燕麦南瓜泥・
　　　小米粥
067　鱼肉泥・青菜泥
069　磨牙面包条・红枣泥
071　芹菜米粉汤・小白菜核桃粥・黄花鱼嫩豆腐粥

072　**断乳中期——7～8个月**

075　豆腐四季豆粥
076　鳕鱼菠菜粥・水果蔬菜布丁
079　牛肉海带粥・土豆奶酪粥・
　　　豌豆土豆布丁
080　芝麻核桃粥・优酪乳米粥

082　豌豆鲜鱼奶酪粥·鲔鱼南瓜粥
085　糙米黑豆粥·紫米南瓜粥·南瓜籽粥
086　西红柿土豆泥·白菜焖面条
088　白菜牛肉粥·鸡肉胡萝卜粥
091　秀珍菇牛肉汤粥·栗子黑豆粥·苹果布丁
092　虾仁椰菜粥·香菇鸡肉粥
094　鱼肉海苔粥·蟹肉糯米粥
097　牛奶薄饼·芋头玉米泥·木瓜泥
099　南瓜浓汤
100　土豆泥·鲜鱼萝卜汤
103　豌豆糊·苹果红薯泥·胡萝卜豆腐泥
105　南瓜拌核桃

106　断乳后期——9～10个月

109　虾仁蔬菜稀饭
110　鸡肉包菜·鲷鱼蔬菜饭
113　牛肉汤·南瓜拌土豆·奶酪酱豆腐
114　西蓝花土豆泥·豆腐蛋黄泥
116　紫菜吻仔鱼粥·山药粥
119　香菇菠菜面·吻仔鱼白菜稀饭·土豆稀饭
121　茄子稀饭
123　嫩豆腐稀饭·鲔鱼土豆饭团
125　蟹肉菠菜稀饭·南瓜煎奶酪
127　豌豆鸡肉稀饭·蔬菜水果布丁·鸡蛋水果煎饼
129　什锦蔬菜粥·香菇稀饭
131　牛肉白菜汤饭·鸡肉洋菇稀饭
133　鲜虾汤饭·小白菜玉米粥·海鲜豆腐汤
135　松子银耳粥

137　鲜鱼奶酪烤饼・牡蛎萝卜稀饭
139　糯米红薯粥・海苔拌稀饭・中式汤饭
141　什锦稀饭・鲜虾花菜
143　玉米排骨粥・三角面皮汤
145　南瓜糯米汤圆

146　断乳结束期——11～12个月

149　鲜肉白菜水饺
150　鱼肉馄饨汤・菠菜意大利面
152　鲔鱼丸子汤・肉泥洋葱饼
154　鲔鱼蛋卷・清蒸豆腐丸子
156　豆皮奶酪饭・南瓜虾仁炒饭
159　玉米虾仁汤・蘑菇豆花汤・哈密瓜牛奶饼
161　土豆疙瘩汤
163　玉米奶酪饭・南瓜坚果饼
165　茄子菠菜拌饭・土豆吻仔鱼芝麻汤・鱼肉拌茄泥
167　南瓜小鱼干味噌汤・豆腐蔬菜汉堡
169　红薯栗子饭・金针菇味噌汤
171　虾仁海带汤・土豆浓汤・洋菇蒸牛肉
173　土鸡高汤面
174　三色饭团・鳕鱼土豆汤
177　莲藕丸子・海带蔬菜饭・鸡蛋奶酪三明治
178　鸡肉花生汤饭・香蕉蛋糕

Part 3

181　断乳副食品 Q&A

编辑的话

经过周密的准备,在父母热切的期盼中,孩子终于来到了这个世界。应该如何解决孩子的饮食和预防疾病的问题呢?如果孩子饮食营养搭配和其身体所需的营养一致,不就能发挥最大的作用吗?但是真有这样的食物吗?当然有,妈妈的乳汁就是最好的营养食品!不仅如此,母乳中的多种活性抗菌物质以及活的免疫细胞,在预防疾病方面有不可替代的效用。

宝宝出生后,学到的第一件事就是吃东西,食物对宝宝的成长期有重要的影响力。孩子能否健康成长,绝对离不开营养均衡,以及正确的饮食习惯。宝宝渐渐长大后,只喝母乳已无法满足身体所需的营养,因此需要吃副食品补充不足的部分。

本书依据宝宝的"成长记录",将断乳副食品分成准备期、初期、中期、后期和结束期5个阶段,仔细说明每个时期宝宝母乳与副食品"喂食的时间与分量";对于每个阶段的"副食品烹调方式",也都详细举例说明,相信可以解除父母的担心与不安。

希望借由提供父母们养育宝宝饮食的正确知识,在接触、进行断乳副食品的烹饪过程中,父母们都能亲手为宝宝烹调"新鲜、天然、营养均衡"的美食。

Part 1

"营养均衡"
就能培养出健康结实的宝宝

了解营养素的功效与喂食副食品的原则,父母就能以轻松的心情,享受喂宝宝副食品的乐趣,不需要担心量与营养不足的问题;而知道哪些器具可以帮助制作副食品,并熟悉烹调器具的清洗消毒方式,能让烹调、清洗过程更加得心应手。

新手父母一定要知道的事 ❶

喂食副食品的原则与方法

副食品是为了让宝宝以后自己吃饭而慢慢训练的婴儿餐。第一次喂宝宝副食品的父母可能会很担心。其实，只要记住一些基本知识，然后作出明确的副食品食谱计划即可。

从母乳喂养（或配方奶喂养）到添加副食品，一直到全面饮食的过渡，也就是说，由液体状食物逐渐到泥状食物，再到固体食物，宝宝的营养状况直接影响到其身体、心理、智慧的发育和对疾病的抵抗力。新手父母在宝宝的喂养上应该遵循以下几个原则：

宝宝的食物要软烂

婴幼儿的咀嚼和消化功能尚未发育完善，消化能力较弱，不能充分消化和吸收食物中的营养，所以要根据宝宝的年龄特点和消化程度选择食物，保证供给的食物做到细、软、熟。

宝宝的饮食要多样化

宝宝对单调食物容易产生厌倦感。为了增进宝宝的食欲，避免宝宝偏食，新手父母应该使食物种类丰富多样，色、香、味俱全，主食粗细交替，菜色荤素搭配，每天加1～2次点心。对宝宝不喜欢的食物，可在烹调上下功夫，用各种料理方法，让宝宝养成良好的饮食习惯。

用汤匙喂食

喂食时要把宝宝抱在怀里，或者放在婴儿餐椅上，然后用汤匙喂食。不能让宝宝躺在床上吃饭，经过一段时间之后，宝宝就能自己拿汤匙吃饭了，试着让宝宝养成自己吃饭的习惯。

让宝宝定时用餐

宝宝不愿意吃副食品,如果强迫喂或不按时喂,都是不好的。担心宝宝饿到,频繁地喂食宝宝也不好,最好养成定时定点吃饭的习惯。

阶段性喂食的方法

宝宝咀嚼食物需要一定的时间,所以要阶段性喂食。初期让宝宝直接吞下去,中期让他用舌头和上颚咀嚼着吃,后期要用牙龈咀嚼,结束期用牙龈和牙齿咀嚼。

选择固定的吃饭场所

宝宝吃饭有时会暴食或偏食,有时吃饭时间过长,这些都是不好的饮食习惯,特别是边吃边玩或边吃边看电视等。要改掉这些坏习惯,首先要养成在固定场所吃饭的好习惯。

制造愉快的用餐氛围

宝宝的胃口往往会受到碗碟或环境的影响,把饭菜盛在漂亮的碗里,或制造愉快的气氛,都会促进食欲,而且要以笑脸相待,多多称赞宝宝。假如宝宝喜欢在外面吃饭,可以到郊外野餐。如果与同龄宝宝在一起会吃更多,不妨经常让宝宝和同龄宝宝们一起吃饭。

新手父母一定要知道的事 ❷

摄取均衡营养
比食量的多寡重要

随着宝宝不断长大，所需营养素的量也不断增加，母乳或配方奶渐渐不能完全满足宝宝的需要，这时候就要开始喂宝宝吃一些副食品，补足缺少的营养素，才能确保身体获得成长所需的营养。

营养素的功用与一天摄取的分量

蛋白质

蛋白质是构成身体血和肉的重要营养素。血液中的红血球生成需要铁和蛋白质，肌肉、消化液与酵的生成也需要蛋白质。宝宝一天的摄取量：6个月～1岁大的宝宝，平均体重1千克要3克。鸡肉20克或是鱼肉15克约含有3克的蛋白质。

钙质

钙是制造骨骼与长牙时不可缺少的营养素，也是帮助血液凝固与使精神安定不可或缺的。以体重10千克的宝宝来说，一天需要4克。约100克的母乳或配方奶即含有所需要的钙质。

铁质

铁质摄取不足，易造成贫血与发育迟缓的现象。宝宝一天约需要6毫克铁，鸡蛋和菠菜含有丰富的铁质，1个鸡蛋约含有3毫克铁质。

维生素 A

维生素 A 可保护黏膜与皮肤，且有助于增加抵抗力与视力发展。宝宝一天所需要的量是1300IU，1/4根胡萝卜就含有所需要的量。

维生素 B_1

维生素 B_1 帮助糖分转变成身体可以利用的能量，使神经功

能正常，并增加食欲。宝宝一天吃 30 克的猪肉或牛肉即可满足需要量。

维生素 B_2

维生素 B_2 可以促进成长，有助于身体代谢功能，摄取不足会造成口唇炎或口角炎。鸡蛋、奶酪与香菇中含量丰富。

维生素 B_6

维生素 B_6 能促进蛋白质的氨基酸代谢，帮助宝宝成长。甘蓝菜、香蕉和坚果类中含量丰富。

维生素 B_{12}

维生素 B_{12} 也是帮助氨基酸代谢的营养素。鱼、肉、奶、蛋与豆类中含量丰富。

维生素 C

维生素 C 是保护血管与皮肤、增加宝宝抵抗力不可缺的营养素，一天所需要的量是 40 毫克。除了新鲜的蔬果外，红薯和土豆也有不错的含量。土豆 100 克约含有 20 毫克，草莓 25 克约含有 20 毫克维生素 C。

碳水化合物与脂肪

它们是身体产生能量与保持体力不可缺少的营养素，要注意的是如果摄取过多，会造成宝宝肥胖。

常见的食物一餐分量

3～12个月宝宝适合吃的食物

0～2个月宝宝消化能力和免疫力差，还不能吃副食品。针对3~12个月的宝宝市面上有许多现成的加工副食品可供选择，但那些食品怎能比得上天然的、每天现做的呢？马上为宝贝做新鲜、好吃又营养丰富的副食品吧！

3～4个月

米 建议量 10 克
1 大匙 =10 克

3～4个月

核桃 建议量 5 克
1 大匙 =10 克

3～4个月

包菜 建议量 5 克
1 大匙 =10 克

3～4个月

白萝卜 建议量 10 克
1 大匙 =10 克

3～4个月

橘子 建议量 20 克
1 大匙 =10 克

3～4个月

梨子 建议量 15 克
1 大匙 =10 克

5～6个月　　　　　　　　5～6个月　　　　　　　　5～6个月

红薯 建议量 10 克　　　**松子** 建议量 5 克　　　**西蓝花** 建议量 5 克
1 大匙 =10 克　　　　　　1 大匙 =10 克　　　　　　1 大匙 =10 克

5～6个月　　　　　　　　5～6个月　　　　　　　　5～6个月

鸡肉 建议量 20 克　　　**蛋** 建议量 10 克　　　　**香蕉** 建议量 15 克
1 块 =10 克　　　　　　　1 大匙 =10 克　　　　　　1 大匙 =10 克

7～8个月　　　　　　　　7～8个月　　　　　　　　7～8个月

花生 建议量 5 克　　　　**波菜** 建议量 10 克　　　**草莓** 建议量 20 克
10 个 =10 克　　　　　　　1 大匙 =10 克　　　　　　1～2 个 =10 克

7～8个月　　　　　　　　7～8个月　　　　　　　　7～8个月

猪肉 建议量 20 克　　　**鱼** 建议量 20 克　　　**豆腐** 建议量 20 克
1 大匙 =10 克　　　　　　1 大匙 =10 克　　　　　　1 大匙 =10 克

9～11个月　　　　　　　9～11个月　　　　　　　9～11个月

面线 建议量 30 克　　　**甜椒** 建议量 20 克　　　**葡萄干** 建议量 10 克
20 条 =10 克　　　　　　1 大匙 =10 克　　　　　　1 大匙 =10 克

9～11个月　　　　　　　9～11个月　　　　　　　9～11个月

猕猴桃 建议量 40 克　　**牛肉** 建议量 30 克　　**奶酪** 建议量 20 克
1 大匙 =10 克　　　　　　1 块 =10 克　　　　　　　2／3 片 =20 克

12 个月

12 个月

12 个月

小米 建议量 50 克
1 大匙 =10 克

意大利面 建议量 50 克
10 条 =10 克

芝麻 建议量 10 克
1 大匙 =10 克

12 个月

12 个月

12 个月

西红柿 建议量 20 克
1 块 =10 克

豆芽 建议量 20 克
1 大匙 =10 克

蘑菇 建议量 20 克
1 大匙 =10 克

12 个月

12 个月

12 个月

葡萄 建议量 40 克
2~3 个 =10 克

虾 建议量 30 克
1 大匙 =10 克

炸豆皮 建议量 40 克
2 片 =10 克

副食品的基本料理方法

制作副食品的技巧与注意事项

在烹煮副食品时,除了要确保食材有煮熟,另外还需要留意,因为宝宝的消化系统尚未发育完全,所以要谨记宝宝吃的食物要软烂,才不会造成身体负担,并可以完整吸收食材的营养。

榨汁的注意事项

刚开始制作准备期副食品时,可以喂宝宝稀释过的果汁,所以榨汁是最基本的料理方式。可以先用榨汁器将水果榨汁;或用果菜汁机将水果打碎,再用过滤网过滤出果肉,只留下果汁。

小叮咛

将水果榨汁之后,果汁经过稀释就直接喂宝宝喝,不用煮沸,因此使用榨汁器或是果菜汁机前,一定要先清洗干净。用来过滤果汁的纱布,使用后要马上清洗,并且定期用热水煮沸消毒。

蒸的注意事项

要让食物柔软、好入口,就可以使用"蒸"的方式。有蒸笼是最方便,如果没有蒸笼可在锅子内放入适当的水与铁架,把水煮滚后再将装好食材的碗或盘子放在铁架上,直到将食材蒸软为止。

小叮咛

初期副食品在烹调蔬菜(如土豆、红薯、胡萝卜、西蓝花等)时,可以多利用蒸的方式,虽然会比水煮花时间,但可以保存食材的甜味,营养也比较不容易流失。

过滤的注意事项

宝宝刚开始吃副食品时,可以先从喝"汤"开始。将新鲜食材放进小汤锅内熬煮10～20分钟,关火后用过滤网将汤汁过滤到碗或是杯子内,等汤汁稍微放凉后,用汤匙慢慢喂宝宝喝。

小叮咛

过滤网使用后马上清洗比较容易洗干净,因为食材的残渣会卡在网子的隙缝中,水分蒸发后会紧黏在网子上,就算用刷子清洗也可能洗不干净,而且也很费时。

研磨的注意事项

要把煮熟的东西制作成泥状时,用研磨最方便。利用研磨专用的钵和研磨棒较有效率。将已经煮软的食材放入研磨钵内,用研磨棒捣碎并挤压食材,直到食材成为泥状。

小叮咛

使用研磨的方式,除了可以轻松将食材捣成泥状,也可以用来磨碎坚果类,如核桃、花生、芝麻、栗子等,增加副食品的香气,也有助于宝宝消化、吸收食材的营养素。

煮的注意事项

煮是一种使食物变细腻,又能杀菌的烹饪方法。菠菜等绿色食材,可以用热水汆烫,再泡在冷水中,以保持新鲜和营养。胡萝卜先用热水汆烫后再去皮,比直接剁碎更能保持营养成分。

小叮咛

宝宝刚开始接触副食品的时候,因为消化功能尚未发育完全,所以适合用水煮的方式烹调。中期以后就可以改用炒的方式,变化较丰富的菜色,有助于增加宝宝的食欲。

方便料理的烹煮器具

事先准备好器具，烹饪时会很简单

为了让宝宝吃新鲜的食物，每次制作副食品的分量不应太多，事先添购专用器具并了解烹调的方式，这样一来食物容易煮熟且事后收拾也很轻松，过程觉得得心应手就不会麻烦。

计量匙和计量杯

父母刚开始很难拿捏食材的分量，因此可以用计量匙和计量杯辅助。常用计量匙大小为5毫升、15毫升、25毫升等。计量杯用于计量水的容积，挑选10毫升为一个刻度的较好使用。

小叮咛

最好准备大小不同的整套计量匙，大匙是25毫升或15毫升，中匙15毫升或10毫升，小匙是5毫升。计量杯最适宜的容量是200毫升，要挑选刻度清晰的。

搅拌器

帮宝宝煮粥时，可用煮好的饭熬煮，节省烹调时间。先用搅拌器捣碎煮熟的饭粒，这样就能简单地制作宝宝爱吃的稀粥。将食材放进不锈钢制的深碗中，搅拌时就不用担心食材跑出来。

小叮咛

最好准备2种不同间隔大小的搅拌器。间隔小的搅拌器，适合磨碎食物，如米、南瓜、红薯等；间隔大的适合搅拌、混合食物，如制作面团、丸子、饺子馅等。

捣碎器

宝宝满周岁前,乳齿还没有完全长出来,制作副食品常需要用到捣碎器。可用于研磨白米、芝麻等壳类,或捣碎香蕉、葡萄、熟土豆等,让肠胃较容易消化、吸收营养素。

小叮咛

虽然宝宝的食量很小,但购买捣碎器时,也不要选太小的,食物容易跑出捣碎器外,反而不好用。塑料制品虽然便宜、轻便,但不适合磨壳类,会让容器留下刮痕,且清洗不及时容易滋生细菌。

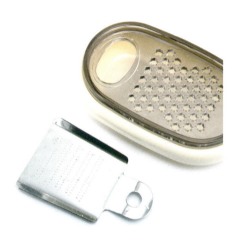

研磨器

其常用于将水果、萝卜、胡萝卜等磨成细丝或泥,比用刀子方便许多。中期以后,可以将食材煮熟切成块后,再用研磨器磨成细丝或泥,食材的营养素比较不容易流失。

小叮咛

选择金属制研磨器磨的效果比较好,可以缩短制作副食品的时间。孔隙大研磨时间短,食材口感较粗糙。孔隙小研磨时间长,但食材口感较细致。

过滤器

在断乳准备期时,最适合宝宝的副食品就是喝食材烹煮后的汤汁(如米汤、蔬菜汤等),因此过滤器是开始制作副食品重要的器具。孔细大的过滤器也可以用来将土豆或红薯磨成泥状。

小叮咛

刚开始宝宝吃副食品的量还很少,可以用汤匙慢慢捞出熬煮后的汤汁(食材会沉在下方);量多时还是使用过滤器,较节省时间。汤汁可以一次煮多一点,分成一次的分量冷冻保存。

厨房用品的清洗方式

刀具、餐具、清洁用品的消毒与清洗方式

烹制完副食品后的器具，最好用婴儿专用的清洗剂清洗干净。尤其是夏天，没有洗干净细菌就会大量繁殖。不光是器具要清洗干净，制作副食品时一定要把双手洗干净，才不会污染食物。

汤匙的清洗方式

热水消毒法。直接接触食品的汤匙或叉子等，使用后放在热水中煮4分钟左右，进行杀菌消毒。塑料制的餐具不能放进滚水，可以购买宝宝专用的无添加清洁剂清洗。

小叮咛

餐具通常都是不锈钢制，导热非常快，消毒时要小心不要被烫伤。可以准备一支有木头或塑料握柄的大汤匙，以便捞出在滚水中消毒完成的餐具，待晾干后收到干净的容器里。

刀子的清洗方式

不仅是刀刃、刀把，刀把和刀片连接的地方，也要用刷子勤刷洗。使用完的刀先用海绵或厨房纸巾擦拭掉上面的油渍，然后用清洁剂洗，再用热水烫一下，可以防止细菌滋生。

小叮咛

至少准备三支刀子，一支切生食，一支切熟食，另外一支用来切水果。用来切生食的刀子，上面会残留细菌，再拿来切熟食或水果的话，宝宝容易发生拉肚子的情况。

抹布的清洗方式
每次烹饪时都要使用晾干的抹布,所以要准备多条抹布。使用完的抹布直接用肥皂或清洁剂清洗,拧去水分后放在阳光下晒干。

小叮咛
抹布至少一周消毒一次,放在热水中煮 15 分钟左右,捞出放凉后拧去水分,最好可以放在阳光下晾干。宝宝肠胃比较脆弱,容易被细菌感染,因此不要忽略抹布清洁的重要性。

砧板的清洗方式
砧板使用后要马上清洗晾干,一周至少要消毒两次(清洗后使用热水冲洗砧板杀菌,然后晾干)。如果砧板有异味,可以在砧板上盖上一条白布,上面洒点食用醋即可消除异味。

小叮咛
最好准备专门制作副食品的砧板,有刀痕的砧板上可能有很多细菌,刀痕太多最好就换一个。切生食和熟食的砧板要分开,避免食物被细菌污染。

海绵的清洗方式
海绵清洗不干净的话,容易繁殖细菌且会有异味,因此清洗干净后可以洒点酒精消毒,然后放在架子上晾干。千万不要小看晾干的重要性,因为细菌容易在潮湿的环境生存。

小叮咛
海绵如果洗不干净,最好马上换一个新的。洗不干净的海棉内藏有很多细菌,容易造成宝宝肠胃不适,不要为了省小钱反而害了宝宝的身体健康。

Part 2

让宝宝在每个阶段都吃得健康

什么时候开始让宝宝吃副食品呢？又吃些什么比较好呢？本单元依照宝宝的月龄，提供适合宝宝吃的食谱，父母在参考食谱的同时，也要考虑宝宝实际的成长速度，以及宝宝接受副食品的程度与食量，千万不可勉强宝宝一定要吃多少。

断乳准备期——3～4个月

制作断乳准备期副食品的注意事项

看着宝宝一天天地长大，父母心情非常愉快。100天之后，就开始制作副食品吧！从熬米粥开始，逐渐喂一些温和食物。宝宝初次接触母乳（配方奶）以外的食物，第一步是最重要的。

成长记录

宝宝经常踢腿

宝宝的肌肉从脑部开始往下发育，先长出支撑头部和脖子的肌肉，再来是发展腿部肌肉。出生100天左右，脖子可随意扭动，身体也会开始活动，而且会用力蹬。扶起来时，身体也可以伸展。吃饭与玩乐时间开始增多，生活比较规律了。

对声光有反应

宝宝的脸慢慢地会朝发出声音的方向转动，对有声音的玩具也会感到兴奋。一般4个月左右会认得妈妈，视线会跟着妈妈，看不见妈妈时会哭泣。

消化吸收功能发达

除了液体以外的东西进到嘴里，宝宝就会把它吐出来，如果出现这样的现象就暂时先不要喂食。一般宝宝3～4个月，就会出现这种现象，这时期宝宝的体重会增加到6～7千克。嘴、脖子、舌头的肌肉开始发达，所以可以开始吃副食品。

喂食的时间与分量

喂奶之前，宝宝能吃多少就喂多少。母乳或配方奶一天要喂5～6次。在上午6点、10点，下午2点、6点、10点左右为宜，上

午10点左右喂一次粥。食物三匙大约为50克（大人用的碗1／6左右），刚开始要从果汁、米汤、水果粥、蔬菜粥开始。准备期的副食品是练习吞咽食物和熟悉汤匙的过程，应该在宝宝高兴舒适的时候，或喝奶之前喂一些副食品，不要勉强让宝宝多吃。

副食品的烹调方式

谷类　把泡过的白米磨碎，白米与水以1:10的比例熬烂。

蔬菜　青菜、土豆、红薯煮熟后磨成泥，然后再加入米粥或牛奶继续熬煮，宝宝才会爱吃。

水果　去皮榨汁，把水和果汁至少以2:1的比例稀释（依据情况调整比例）。

牛肉、鸡肉、鱼、豆腐、奶酪、蛋黄　现在喂宝宝吃的话还太早，中期开始较佳。

Part2　让宝宝在每个阶段都吃得健康

食材小档案——白米

　　白米富含淀粉（碳水化合物）、维生素B_1、矿物质、蛋白质等。提炼出精华的米汤，很适合作为宝宝母乳或牛奶之外的副食品。

　　碳水化合物是提供大脑能量的必需物质。碳水化合物在体内分解成葡萄糖后运送到身体各地方，变成能量之源，大脑使用其中20%的葡萄糖。除了白米以外，大麦、土豆、红薯、荞麦也富含碳水化合物。维生素B_1能提高脑部思考能力和记忆力，葡萄糖转换为能量时，需要维生素B_1的协助。如果缺乏维生素B_1，葡萄糖就不能转化为能量，大脑功能就会减退。

白米汤

材料：
白米100克。

做法：
1. 白米淘洗好后，加水大火煮沸，转小火慢慢熬成粥。
2. 粥熬好后，放3分钟，用勺子舀取上面不含饭粒的米汤，放温即可喂食。

小贴士
　　起初要以清淡的米汤开始，可用磨碎的白米，或直接用米饭制作会更简单。每天做的话会很累，所以一次可以煮多一点，再放进一个装冰块的小四方盒里，每次拿出两三个加热融化后，用汤匙喂宝宝吃，这样做会方便许多。

蔬菜清汤的材料：
土豆20克，胡萝卜20克，包菜50克。

小贴士

　　记得用小汤匙一匙一匙慢慢喂，一方面让宝宝习惯其他食物的味道，一方面练习宝宝用汤匙吃东西。喂食的时候可以先对宝宝说"很好喝喔！"等鼓励的话，然后喂一小匙，如果宝宝不想喝也不要勉强。

婴幼儿食谱做法

蔬菜清汤
1.将土豆与胡萝卜去皮，然后和包菜一起切碎。
2.将所有材料放进小锅内，倒入清水，水的量要盖过所有食材。
3.开火将清水煮沸，撇出浮沫，关小火煮20分钟后，将蔬菜汤过滤后放凉，即可以喂宝宝喝。

柳橙果汁
1.将柳橙对切成一半，用榨汁器挤压出果汁与果粒。
2.将果汁与果粒倒入纱布中，过滤出果汁。

柳橙果汁的材料：
柳橙1个。

小贴士
　　刚开始喂宝宝喝的果汁，可以用冷开水稀释2~3倍，酸度较高的稀释5~6倍。刚开始宝宝可能会不喜欢果汁的味道，所以不用勉强宝宝一定要喝多少。

草莓果汁的材料：
草莓5颗。

小贴士

　　3~4个月的宝宝主要的营养来源还是母乳或配方奶，考量宝宝胃的大小和消化能力，一天最好不要喝果汁超过50毫升，避免宝宝喝不下母乳或配方奶，反而影响其成长的状况。

西红柿汁的材料：
大西红柿一个（或圣女果5~6个）。

小贴士

因为喂宝宝喝的果汁不会加热，所以要特别注意制作果汁时的清洁。制作前要先把双手洗干净，餐具或烹调器具要用热水消毒，尤其是用来过滤果汁的纱布，使用后要马上清洗。

婴幼儿食谱做法

苹果汁

1. 将纱布摊开放在碗上。
2. 苹果去皮后,用研磨器磨成泥状直接放在纱布上。
3. 将纱布包好后,挤出果汁放入碗内。

草莓果汁

1. 将草莓用盐水洗干净后去蒂,然后用餐巾纸吸去表面水分。
2. 将草莓放入研磨钵内磨成泥,放入纱布内挤出草莓汁。

西红柿汁

1. 将西红柿泡热水后捞出放凉,然后去皮切碎放入研磨钵。
2. 用研磨棒将西红柿磨成泥,放入纱布内过滤出西红柿汁即可。

苹果汁的材料:
苹果1/2个。

小贴士

　　断乳准备期帮宝宝制作果汁,以当季且新鲜的为主,一开始先用酸度较低的水果,比较容易入口。苹果酸度低且一年四季都可以轻松买到,很适合当作宝宝第一次尝试喝的果汁。

婴幼儿食谱做法

草莓稀粥
1. 把白米磨碎,再加水熬成米粥。
2. 草莓用水洗净后去蒂磨成泥,用纱布过滤。
3. 在米粥里放进草莓泥,再熬煮片刻即可。

包菜稀粥
1. 把白米磨碎,再加水熬成米粥。
2. 包菜洗净后磨成泥。
3. 在米粥里放进包菜泥,再熬煮片刻即可。

草莓稀粥的材料：
泡好的白米10克，草莓2颗，水1／2杯。

小贴士
　　草莓含有丰富的维生素C，烹煮前用流动的水清洗几次后，用筛子沥干水分。宝宝有可能被籽噎到，所以一定要用纱布过滤后再烹调。

包菜稀粥的材料：
泡好的白米10克，包菜20克，水1／2杯。

小贴士
　　宝宝成长需要很多钙质，包菜是碱性食品，含有维生素B_1、维生素B_2、维生素C、维生素D、维生素E、钙等成分。特别是丰富的钙，比牛奶更容易被人体吸收，所以吃包菜对宝宝很好。

哈密瓜稀粥的材料：
泡好的白米10克，哈密瓜10克，水1／2杯。

小贴士

　　哈密瓜香甜可口，加上汁多口感柔和，很适合作为副食品。挑哈密瓜时，可以在蒂的部分轻轻按压，如果稍微凹进去即表示很好吃。常温保存比放在冰箱味道更好。

李子稀粥的材料：
泡好的白米10克，李子1／2个，水1／2杯。

小贴士

　　李子对便秘很有效，特别是西洋李子。但初期最好选择不酸的李子为宜。因为性质偏凉，所以也不适合一次让宝宝吃太多，须注意太常吃李子稀粥也不好。

婴幼儿食谱做法

哈密瓜稀粥
1. 把白米磨碎,再加水熬成米粥。
2. 哈密瓜去皮和籽后磨成泥。
3. 在米粥里放进哈密瓜泥,再熬煮片刻即可。

李子稀粥
1. 把白米磨碎,再加水熬成米粥。
2. 李子去籽和皮后磨成泥。
3. 在米粥里放入李子泥,再熬煮片刻即可。

土豆稀粥
1. 把白米磨碎,再加水熬成米粥。
2. 土豆去皮煮熟后磨成泥。
3. 在米粥里放进土豆泥,再熬煮片刻即可。

土豆稀粥的材料:
泡好的白米10克,土豆10克,水1/2杯。

小贴士
　　维生素C对高温敏感,一加热就会受到破坏,但土豆的维生素C却不同。土豆含有宝宝成长发育不可缺少的氨基酸,加上好消化,所以对宝宝十分有益。

Part2 让宝宝在每个阶段都吃得健康

南瓜稀粥

材料：
泡好的白米10克，南瓜10克，水1/2杯。

做法：
1.把白米磨碎，再加水熬成米粥。
2.南瓜去皮和籽，蒸熟后磨碎。
3.在米粥里放进磨碎的南瓜，再熬煮片刻即可。

小贴士
　　南瓜是典型的黄绿色蔬菜，含有丰富的胡萝卜素，可增强黏膜的作用，提高身体抵抗力。因为其味道香甜，能让宝宝感受到天然的食物甜味。

婴幼儿食谱做法

黄瓜稀粥
1.把白米磨碎后,再加水熬成米粥。
2.黄瓜去皮和籽后磨成泥。
3.在米粥里放进黄瓜,再熬煮片刻即可。

西瓜稀粥
1.把白米磨碎,再加水熬成米粥。
2.西瓜去皮和籽后切块,再磨成泥。
3.在米粥里放入西瓜泥,熬煮片刻即可。

黄瓜稀粥的材料：

泡好的白米10克，黄瓜10克，水1／2杯。

小贴士

　　黄瓜含有丰富的维生素C，黄瓜稀粥能让宝宝感受到清爽的口感，适合在夏天的时候煮给宝宝吃，有消暑气的作用。因为黄瓜性质偏凉，所以不适合一次让宝宝吃太多。

西瓜稀粥的材料：

泡好的白米10克，西瓜30克，水1／2杯。

小贴士

　　西瓜的水分充足，含有丰富的钙，有利尿、消暑和止渴的作用，可以在夏天时适当地喂宝宝吃一点。

柿子稀粥的材料:
泡好的白米10克,甜柿子15克,水1/2杯。

小贴士
100克甜柿子中含有70毫克的维生素C,是橘子的2倍。维生素C可预防宝宝感冒,对贫血、食欲不振和发育不良的宝宝也有不错的效果。

红薯稀粥的材料:
泡好的白米10克,红薯10克,水1/2杯。

小贴士
红薯对有便秘的宝宝很有帮助。因为它含有很多纤维质,能促进排便。红薯口感香甜,宝宝一定会喜欢吃。

婴幼儿食谱做法

柿子稀粥

1. 把白米磨碎,再加水熬成米粥。
2. 甜柿子去皮和籽后磨成泥。
3. 在米粥里放进柿子泥,再熬煮片刻即可。

红薯稀粥

1. 把白米磨碎,再加水熬成米粥。
2. 红薯煮熟后去皮,再磨碎。
3. 在米粥里放进碎红薯,再熬煮片刻即可。

梨稀粥

1. 把白米磨碎,再加水熬成米粥。
2. 梨子去皮和果核,磨成泥。
3. 在米粥里放进梨子泥,再熬煮片刻即可。

梨稀粥的材料:
泡好的白米10克,梨子15克,水1/2杯。

小贴士

　　给断乳时期的宝宝喂一些梨子可帮助消化,也有利于排便。梨子是降体热的碱性食物。夏天觉得宝宝燥热时,吃一些梨稀粥最适合不过了。

婴幼儿食谱做法

栗子稀粥
1. 把白米磨碎,再加水熬成米粥。
2. 栗子煮熟后剥去壳和内膜,再磨碎。
3. 在米粥里放进碎栗子,再熬煮片刻即可。

苹果稀粥
1. 把白米磨碎,再加水熬成米粥。
2. 苹果去皮和果核之后,磨成泥。
3. 在米粥里放进苹果泥后煮开,再熬煮片刻即可。

栗子稀粥的材料：
泡好的白米10克，栗子1个，水1／2杯。

小贴士
栗子富含五大营养素，味道又甜，宝宝会很喜欢吃，但要注意的是其淀粉含量较高，且吃多会消化不良。100克栗子含有22毫克的维生素，加热后也不会破坏含量。

苹果稀粥的材料：
泡好的白米10克，苹果30克，水1／2杯。

小贴士
苹果中含有纤维素、苹果酸和枸橼酸。苹果酸和枸橼酸有预防以及改善感冒症状的效果；纤维素可以促进肠胃蠕动，并改善宝宝便秘情况。

断乳初期——5~6个月

制作断乳初期副食品的注意事项

宝宝开始有好奇心，会伸手抓所有看见的东西，然后塞到嘴巴里咬。表情变的丰富、生动、可爱。这个时期可以定时喂宝宝吃一些副食品，补充成长需要的营养，也让宝宝练习咀嚼食物。

成长记录

肌肉渐渐结实有力

会自己更换睡觉姿势，可以在床上翻来翻去，也会试着用手腕的力量将身体撑起来。宝宝在换睡姿时，有可能会从床上滚下来，所以要特别注意。只要眼睛看到的东西，宝宝拿到就会塞进嘴里，所以宝宝伸手就可以拿到的危险物品都要收起来。

以哭笑来表达情感

宝宝以微笑、大声笑、害怕就哭等形式开始表达情感，害怕陌生的环境和独自一人，而且喜欢和他人玩耍，注视慢慢移动的物体，也可以握起一些小东西。这个时期，手的活动变灵活。

生活作息渐渐规律

宝宝对白昼逐渐熟悉，白天玩乐，晚上就会睡觉。睡觉和起床的时间会慢慢固定，醒着的时间变长了。天气好的时候父母可以带宝宝到外面，接触不同的风景、事物，对宝宝来说是很好的刺激。

免疫力变差

宝宝在6个月左右免疫力会变差，因此容易感冒或是被病毒感染，所以父母除了要注意自己和宝宝的身体健康，也要避免从外面带病菌回家。

喂食的时间与分量

母乳或配方奶一天要喂5~6次，在上午6点、10点，下午2点、6点、10点左右为宜。上午10点左右喂一次粥，晚上6点可以视情况再喂一次副食品。初期是让宝宝适应副食品的过程，宝宝饿的时候再喂一些母乳或配方奶。

副食品烹调方式

壳类　把泡好的米磨碎成原米粒的1/3大小，水放入米的5~6倍分量，再一起熬成粥。

蔬菜　用热水汆烫后剁均匀，或捣成泥状。土豆和红薯要煮透或蒸熟，捣成泥状再喂。

水果　香蕉应放在筛子上磨碎；像苹果这样的水果应去皮和果核后，只磨果肉来喂。

鱼肉　先把鱼刺剔除，煮熟后再把鱼肉磨碎来喂宝宝。

蛋黄　放在粥里喂宝宝吃。

婴幼儿食谱做法

菠菜牛奶稀粥
1. 把白米磨碎，加入牛奶熬成米粥。
2. 菠菜挑选嫩叶，余熟后吸干水分磨成泥。
3. 在米粥里放入菠菜泥，再熬煮片刻即可。

豆浆
1. 将黄豆洗净，按黄豆：水＝1：8的比例浸泡（夏季于阴凉处浸泡8小时左右，冬季于室温浸泡1昼夜）。
2. 连水带豆磨成浆，用纱布过滤出清浆。
3. 将清浆煮沸2次后，放凉即可喂宝宝喝。

菠菜牛奶稀粥的材料：
泡好的白米10克，菠菜5克，牛奶（配方奶）70毫升。

小贴士
　　菠菜是典型的黄绿色蔬菜，含有丰富的胡萝卜素、维生素C、铁等。特别是胡萝卜素和维生素C，可预防感冒。维生素C还可以让宝宝大脑的血管保持健康。

豆浆的材料：
黄豆适量。

小贴士
　　黄豆含有丰富的蛋白质、多种优质的氨基酸，还有各类的矿物质，有助于宝宝成长。宝宝成长除了需要钙质以利骨骼增长，也需要蛋白质以利肌肉增长。

婴幼儿食谱做法

包菜菠萝稀粥
1. 把白米磨碎,再加水熬成米粥。
2. 菠萝和包菜磨碎。
3. 在米粥里放进磨碎的菠萝和包菜,再熬煮片刻即可。

草莓牛奶稀粥
1. 把白米磨碎,再加入牛奶熬成米粥。
2. 草莓去蒂后磨成泥,用过滤网过滤掉籽。
3. 在米粥里放进草莓泥,再熬煮片刻即可。

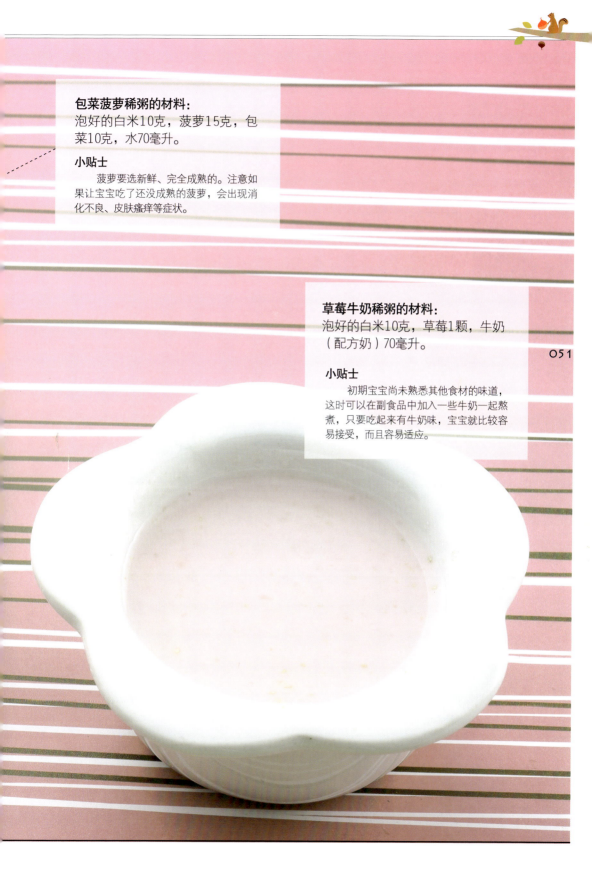

包菜菠萝稀粥的材料：
泡好的白米10克，菠萝15克，包菜10克，水70毫升。

小贴士
　　菠萝要选新鲜、完全成熟的。注意如果让宝宝吃了还没成熟的菠萝，会出现消化不良、皮肤瘙痒等症状。

草莓牛奶稀粥的材料：
泡好的白米10克，草莓1颗，牛奶（配方奶）70毫升。

小贴士
　　初期宝宝尚未熟悉其他食材的味道，这时可以在副食品中加入一些牛奶一起熬煮，只要吃起来有牛奶味，宝宝就比较容易接受，而且容易适应。

苹果柳橙稀粥的材料：
泡好的白米10克，苹果15克，柳橙15克，水70毫升。

小贴士
把苹果和柳橙混合熬成米粥，是富含维生素C的柔软副食品。柳橙皮的汁液苦涩，可以先去皮后再榨成汁，比较不会刺激宝宝味蕾，影响食欲。

红薯胡萝卜稀粥的材料：
泡好的白米10克，红薯10克，胡萝卜10克，水70毫升。

小贴士
红薯中含有丰富的维生素B_1和维生素C。维生素B_1能提高宝宝的思考能力，维生素C加热不易被破坏，烹煮后还保有70%~80%。胡萝卜中含有丰富的胡萝卜素，对宝宝的眼睛有益。

婴幼儿食谱做法

苹果柳橙稀粥

1. 把白米磨碎,再加水熬成米粥。
2. 苹果去皮和果核后磨成泥,柳橙榨成果汁以纱布过滤。
3. 在米粥里放进苹果泥和柳橙汁,再熬煮片刻即可。

红薯胡萝卜稀粥

1. 把白米磨碎,再加水熬成米粥。
2. 红薯蒸熟后去皮磨碎。
3. 胡萝卜削皮后磨成泥。
4. 在米粥里放进碎红薯、胡萝卜泥,再熬煮片刻即可。

土豆稀粥

1. 把泡好的白米倒进玉米水中,再熬成米粥。
2. 土豆蒸熟,去皮后再磨碎。
3. 在米粥里放进碎土豆,再熬煮片刻即可。

土豆稀粥的材料:
泡好的白米10克,土豆10克,玉米水70毫升。

小贴士
　　玉米中含有丰富的纤维,可以改善便秘,玉米粒的纤维质对宝宝来说太硬且不利于消化,因此可以用煮玉米的水替代清水来煮粥,味道会更香甜。

婴幼儿食谱做法

栗子青江菜稀粥
1. 把白米磨碎,再加水熬成米粥。
2. 栗子去壳和内膜后磨碎;青江菜磨碎。
3. 在米粥里放进栗子和青江菜,再熬煮片刻即可。

萝卜梨稀粥
1. 把白米磨碎,再加水熬成米粥。
2. 梨去皮和果核后磨成泥;萝卜去皮磨成泥。
3. 在米粥里放进梨和萝卜,再熬煮片刻即可。

栗子青江菜稀粥的材料：
泡好的白米10克，栗子1个，青江菜10克，水70毫升。

小贴士
100克栗子中含有22毫克维生素C，即使煮熟后也不会破坏含量，维生素C是维持宝宝大脑健康不可或缺的营养素。青江菜含有丰富的胡萝卜素，与栗子一起烹煮食用有助于宝宝吸收。

萝卜梨稀粥的材料：
泡好的白米10克，萝卜10克，梨子15克，水70毫升。

小贴士
萝卜中含有丰富的消化酶，对消化功能还不健全的宝宝很有益处。梨和萝卜烹煮后都会释放出自然甜味，使稀粥吃起来更美味，可以增进宝宝的食欲。

橘子青江菜稀粥的材料：
泡好的白米10克，橘子汁1大匙，青江菜10克，水70毫升。

小贴士

大家都知道橘子含有丰富的维生素，青江菜里也含有丰富的维生素A、B族维生素、维生素C，这道副食品适合在宝宝有初期感冒症状的时候吃。

椰菜苹果稀粥的材料：
泡好的白米10克，西蓝花10克，苹果15克，水70毫升。

小贴士

西蓝花中含有丰富的维生素C，可以抵抗病毒、预防感冒，还能制造胶原蛋白来强化细胞，对宝宝来说是可以常吃的蔬菜。

婴幼儿食谱做法

橘子青江菜稀粥

1. 把白米磨碎，再加水熬成米粥。
2. 橘子榨成汁；青江菜氽烫后磨碎。
3. 在米粥里放进橘子汁和碎青江菜泥，再熬煮片刻即可。

椰菜苹果稀粥

1. 把白米磨碎，再加水熬成米粥。
2. 西蓝花氽烫后磨碎；苹果去皮和果核后磨成泥。
3. 在米粥中倒进碎西蓝花煮一会儿，最后放入苹果泥煮一下即可。

香蕉菠萝稀粥

1. 把白米磨碎，再加水熬成米粥。
2. 香蕉、菠萝磨成泥。
3. 在米粥里放进香蕉泥和菠萝泥，再熬煮片刻即可。

香蕉菠萝稀粥的材料：
泡好的白米10克，香蕉15克，菠萝15克，水70毫升。

小贴士
香蕉皮有些黑点表示已经完全成熟，这个时候味道最香甜，最好吃，但这时不适合放进冰箱里冷藏，应该放在常温下并尽快吃完。

Part2 让宝宝在每个阶段都吃得健康

蛋黄粥

小贴士

　　因为蛋黄比较不容易消化，要评估宝宝肠胃情况再喂食，一般来说宝宝满6个月的时候可以开始吃蛋黄。第一次吃蛋黄时，应多注意宝宝是否发生肠胃不适。

材料：
熟蛋黄1/4个，白米10克，水70毫升。

做法：
1. 把白米磨碎，再加水熬成米粥。
2. 将蛋黄打散后放入米粥里，煮沸即可。

食材小档案——鸡蛋

　　鸡蛋中脂肪和胆固醇的含量较高，无机盐（特别是钙、磷、铁）维生素也较丰富，是婴幼儿发育营养元素的最佳选择。尤其是蛋黄的部分，营养价值比蛋白多。

　　蛋黄也含有丰富的蛋白质，是生长素的原料，多摄取身体容易吸收的蛋白质，能促进生长素分泌，有助于宝宝成长。除了鸡蛋之外，鸡肉、猪肉、奶酪、鳕鱼、鲢鱼和杏仁等，都是很好的蛋白质来源。

　　此外，蛋黄还含有较多的维生素A、维生素D和维生素B_2，可预防宝宝罹患夜盲症。

婴幼儿食谱做法

香蕉牛奶糊
1.香蕉去皮,用汤匙背面压成泥状。
2.配方奶粉与温水调和后,倒入香蕉泥,拌均匀即可。

米粉糊
将温牛奶和米粉搅拌均匀后即可。

香蕉牛奶糊的材料：
香蕉20克，配方奶粉适量，水70毫升。

小贴士
　　香蕉牛奶糊含有多种微量元素和维生素，其中维生素A含量丰富，能促进宝宝成长，增强宝宝对疾病的抵抗力，促进食欲、帮助消化。

米粉糊的材料：
温牛奶（配方奶）70毫升，米粉（用纯米研磨成粉）10克。

小贴士
　　用纯米研磨成米粉，是宝宝初期很好的副食品，东方人对米类制品较不易过敏，但喂食后，仍要注意宝宝是否有起红疹或拉肚子等不舒服的情况。

Part2 让宝宝在每个阶段都吃得健康

糯米糙米柿子稀粥

材料：
泡好的白米10克，泡好的糯米、糙米各5克，柿子15克，水1杯。

做法：
1. 把泡好的白米、糯米、糙米磨碎，再加水熬成米粥。
2. 甜柿子去皮和籽后磨成泥。
3. 在米粥里放进柿子泥，再熬煮片刻即可。

小贴士

糯米和糙米因为比较不好消化，可以熬煮久一点，宝宝才能完整吸收养分。宝宝再大一点之后，可以将白米换成糙米，营养价值更高。柿子含有丰富的胡萝卜素，对宝宝的眼睛有益。

食材小档案——糙米

糙米的维生素B_1、维生素E含量比白米多4倍以上，维生素B_2、脂肪、铁、磷等的含量也多出2倍以上。但宝宝可能无法完全吸收，所以刚开始不要让宝宝一次吃太多。

维生素B_1对宝宝的思考能力和记忆力有益，缺乏维生素B_1会影响葡萄糖转换成能量，导致大脑功能下降。吃黄绿色蔬菜也有助于摄取维生素B_1。

维生素E可以提高血液循环，让大脑内维持充足的氧，确保宝宝脑部功能可以正常运作。吃坚果类（腰果、栗子、核桃等）也有助于摄取维生素E。

牛奶花生芝麻糊的材料：
白米10克，花生2粒，黑芝麻5克，牛奶（配方奶）30毫升，水70毫升。

小贴士
　　花生与黑芝麻也可以用研磨钵磨碎，坚果类食物会让食物闻起来更香，有助于促进宝宝食欲。因为此阶段宝宝还在练习吞咽糊（泥）状副食品，喂食的速度可以放慢，适应后分量可以慢慢增加。

燕麦南瓜泥的材料：
南瓜20克，燕麦10克。

小贴士
　　适合6个月宝宝。南瓜含维生素、钙、铁等多种营养物质，燕麦富含可溶性纤维。此道副食品有助于宝宝肠道、消化系统，提高宝宝的免疫力。

婴幼儿食谱做法

牛奶花生芝麻糊

1. 将黑芝麻、花生放入磨豆机中磨成粉末。
2. 把白米磨碎,再加水熬成米粥。
3. 米粥加入牛奶、花生以及芝麻粉搅匀,续煮2分钟即可。

燕麦南瓜泥

1. 燕麦片用热水冲熟,也可煮熟备用。
2. 南瓜洗净,去皮及瓤,入锅蒸至熟透。
3. 将南瓜压成泥,倒入燕麦片,拌匀即可。

小米粥

1. 将小米淘洗干净。
2. 将小米和清水放入锅内,用大火煮沸,转小火续煮25分钟,将粥熬至黏稠即可。

小米粥的材料:
小米15克,水80毫升。

小贴士

宝宝5个月左右添加粥品,可在喂奶时一起吃,先吃粥后吃奶。但是添加副食品的时候,奶量不要减得太多、太快,依据宝宝的情况调整分量。

鱼肉泥的材料：
鲜鱼1尾（选择时令鲜鱼）。

小贴士

其适合6个月宝宝。鱼肉含有丰富的优质蛋白质，对宝宝的成长发育很有帮助。购买时要注意鱼的新鲜度，挑选眼睛明亮（不混浊）且鱼鳃鲜红的较佳。喂宝宝吃之前，要再确认有把细小的鱼刺剔除干净。

青菜泥的材料：
青菜（绿色蔬菜）30克。

小贴士

蔬菜含有丰富的纤维素，可以帮助肠胃蠕动、维持肠胃健康，每餐最好都要摄取足够的分量。宝宝如果排斥蔬菜泥，可以拌入一些红薯泥或土豆泥，增加甜味。

婴幼儿食谱做法

鱼肉泥
1. 将鱼洗净,放入滚水中汆烫,剥去鱼皮。
2. 锅中放入鱼和适量清水,用大火熬10分钟至鱼肉软烂盛起,剔除骨刺。
3. 将鱼肉捣碎成泥状即可。

青菜泥
1. 青菜洗净、去梗,菜叶撕碎后放入滚水中快速汆烫,捞起。
2. 放在研磨钵中用研磨棒捣烂、挤压,直到变成菜泥。

磨牙面包条的材料：
新鲜吐司面包4片、鸡蛋1颗。

小贴士
　　宝宝6个月左右时，因为长牙，牙龈会发痒，可以为宝宝准备磨牙的食物，帮助宝宝尽快度过"牙痒期"，避免宝宝乱咬东西。

婴幼儿食谱做法

磨牙面包条

1. 鸡蛋打散，搅成蛋液。
2. 将吐司面包切成细条状，裹上蛋液，放入烤箱内烤熟即可。

红枣泥

1. 将红枣洗净，入锅加适量清水煮15~20分钟。
2. 煮至红枣熟烂，再去皮、去核，拌成泥状即可。

红枣泥的材料：
红枣20克。

小贴士

其适合6个月宝宝。红枣富含蛋白质、脂肪、钙、磷、铁、胡萝卜素，以及丰富的维生素A、维生素B_2、维生素C及维生素P。中医认为，红枣是补血佳品。

芹菜米粉汤的材料：
芹菜10克，米粉15克，水90毫升。

小贴士
　　米粉含有丰富的维生素、矿物质等，易于消化，适合给宝宝当副食品。芹菜内含丰富的维生素、纤维素，是宝宝摄取植物纤维的好来源。

小白菜核桃粥的材料：
泡好的白米15克，小白菜、萝卜各10克，胡萝卜5克，磨碎的核桃1大匙，水90毫升。

小贴士
　　小白菜又甜又清淡，能帮助消化，又不会刺激宝宝的肠胃。核桃含有维生素B、钙、磷、铁，可以使宝宝的皮肤光滑。

婴幼儿食谱做法

芹菜米粉汤

1. 芹菜洗净，切碎；米粉泡软备用。
2. 汤锅内加水煮沸，放入碎芹菜和米粉，焖煮3分钟左右即可。

小白菜核桃粥

1. 白米磨碎。
2. 小白菜剁碎，萝卜和胡萝卜去皮磨碎。
3. 平底锅中放进白米和水后煮熟，再放进蔬菜和核桃煮熟。

黄花鱼嫩豆腐粥

1. 磨好白米，包菜剁碎，黄花鱼烤熟并磨细。
2. 平底锅中放进磨碎的白米后，加水熬粥，之后放进黄花鱼和包菜再煮。
3. 放入嫩豆腐稍微煮一下后，最后放一些香油和盐。

黄花鱼嫩豆腐粥的材料：
泡好的白米15克，黄花鱼、嫩豆腐、包菜各10克，香油、盐各少许，水90毫升。

小贴士
  黄花鱼的名字来源于它能让人神清气爽，不仅味道好又有丰富的营养，其所含蛋白质还能帮助消化，有助于宝宝吸收营养。

断乳中期——7~8个月

制作断乳中期副食品的注意事项

宝宝7个月左右已经可以看到长出的牙齿,而且会流很多口水。这时期一定要帮助孩子习惯咀嚼食物,另外食材要捣碎后给宝宝食用,让宝宝自己感受食物的味道。最后,要注意给孩子补充铁质。

成长记录

长牙并可以爬了

这个时期宝宝开始长出牙齿,长牙时牙床会很痒,所以会流很多口水。过了6个月之后,宝宝会快速成长,小脚可以伸到嘴边,也能坐着玩,还能依靠学步车行走。宝宝学会正确的坐姿之后,就开始学爬了。大约7个月大时,他会撑着两手,两脚爬行,可以前后晃动并摇摇晃晃地走,但不能掌控好方向。

开始学说话

这个时候宝宝开始怕生了,能认出爸爸、妈妈的脸。宝宝开始慢慢地学说话,听到什么就会模仿什么,父母叫他名字时可以听懂。宝宝能自己用双手玩玩具,可以让宝宝自己玩用布、木头、塑胶做的多种材料的玩具,并在旁边观察。

可以喂食切细的肉

7个月之后,宝宝的消化功能会有很大的进步。这时应该开始喂一些蛋白质丰富的肉类。鲜鱼、牛肉或猪肉磨碎后再喂就能很好地消化;蛋黄也可以吃,应一点一点逐渐加量,并观察宝宝有什么反应。6个月之后,出生时储藏在体内的铁和矿物质、维生素会消失,所以要利用副食品来补充。

喂食的时间与分量

母乳或配方奶一天喂4～5次，配方奶喂750毫升左右，上午6点和10点，下午2点、6点、10点左右喂即可。副食品一次喂量是70～100克（约大人用的碗1／4～1／3），上午10点和下午6点喂，中期开始除了配方奶和副食品之外，还需喂1～2次零食。

副食品烹调方式

谷类 把泡好的米磨碎成原米粒的1／2大小，放入米的5～6倍分量的水，再一起熬成粥。

蔬菜 用热水汆烫后剁均匀。土豆和红薯要煮透，厚度2～3毫米，剁碎之后再喂。

水果 将水果放入研磨钵内，用研磨棒捣成泥；或是放入碗内，用汤匙压碎。

肉类 煮肉的汤可以用来熬粥，猪肉要剁碎。鸡肉应撕小块一点再喂。

豆腐 汆烫后再磨碎。

Part2 让宝宝在每个阶段都吃得健康

豆腐四季豆粥

材料：
泡好的白米15克，豆腐20克，四季豆、洋葱各5克，香油少许，海带汤90毫升。

做法：
1. 白米磨碎，豆腐切碎。
2. 四季豆氽烫后磨碎；洋葱切碎后泡水。
3. 在小锅内用香油炒一会儿洋葱后，放入海带汤和磨好的白米，熬成米粥。
4. 然后放进碎豆腐和四季豆，食材煮熟后关火。

小贴士

用海带汤煮粥，会让味道更加甘甜，宝宝会更喜欢吃。平常可以先把海带汤熬好，依照一餐的分量分装放到冰箱冷冻层，需要的时候拿出来加热即可。

食材小档案——豆腐

豆腐富含蛋白质，又是碱性的食品，营养丰富，加上味道清淡，质感柔和，很适合作为宝宝的副食品食材。

大豆中含有多种优质的必需氨基酸，还有各类矿物质，做成豆腐后，营养较容易被人体消化、吸收，有助于宝宝成长。

豆腐是富含蛋白质的食物，适合与含钙（吻仔鱼、奶酪、海带等）、维生素D（干香菇）食材一起食用，能提高钙质的吸收率，有助于骨骼成长，宝宝自然"高人一等"。

鳕鱼菠菜粥的材料:
泡好的白米、鳕鱼各15克,洋葱5克,菠菜10克,原味奶酪1片,鱼汤90毫升。

小贴士

鳕鱼中含有优质蛋白和钙,能健壮骨骼和身体,有助于宝宝成长。鲜鱼是典型的低脂肪食物,对宝宝来说是很好的蛋白质食材。

婴幼儿食谱做法

鳕鱼菠菜粥

1. 白米磨碎,鳕鱼蒸熟除去鱼刺后再剁碎。
2. 洋葱剁碎,菠菜汆烫后再剁碎。
3. 平底锅中放进白米、鳕鱼肉、洋葱、菠菜,再倒入鱼汤熬成米粥,最后把奶酪放进去融化。

水果蔬菜布丁

1. 草莓剁碎后用过滤网过滤,香蕉磨碎。
2. 土豆去皮,放在蒸笼里蒸熟后磨碎。
3. 把水果、土豆、奶粉和蛋黄一起搅拌。
4. 把油放进碗里,然后把所有食材倒进去,蒸20分钟。

水果蔬菜布丁的材料：

蛋黄1个，草莓、土豆各20克，香蕉10克，配方奶粉1小匙，食用油少许。

小贴士

鸡蛋中含有维生素C之外的几乎一切营养素，所以可与含有丰富维生素C的水果、蔬菜一起料理，即是适合宝宝吃的营养均衡副食品。

牛肉海带粥的材料：
泡好的白米15克，剁碎的牛肉20克，泡过的海带、白菜各10克，洋葱汁1/2小匙，盐少许，海带汤90毫升。

小贴士
　　宝宝不适合吃太咸的食物，所以海带必须在烹调前除去盐分。方法是先在水里浸泡5~6分钟后，再清洗几次，利用热水、冷水的顺序反覆洗净，可以节省清洗时间。

土豆奶酪粥的材料：
泡好的白米15克，土豆20克，四季豆5个，原味奶酪1/2片，海带高汤90毫升。

小贴士
　　土豆中的维生素C含量是黄瓜的2倍，而且含有对成长发育不可缺乏的氨基酸，消化率高达96%，对宝宝非常有益。奶酪含有丰富的蛋白质与钙质，有助于骨骼成长。

婴幼儿食谱做法

牛肉海带粥

1. 白米磨碎，碎牛肉、洋葱汁和盐拌匀。
2. 白菜剁碎，海带泡过后再清洗几次。
3. 在磨好的白米中倒入海带汤熬煮成米粥，再放入碎牛肉熬煮一下，最后放入白菜和海带，所有食材煮熟即可。

土豆奶酪粥

1. 把白米磨碎，土豆去皮后切块磨碎。
2. 四季豆氽烫后磨碎。
3. 磨好的白米加入海带高汤熬煮成米粥，再放入土豆和四季豆煮熟，最后放入奶酪融化即可。

豌豆土豆布丁

1. 豌豆煮熟后去皮。
2. 把蒸过的土豆磨碎，菠菜氽烫后磨碎。
3. 把蛋黄和奶粉拌匀，放进磨好的豌豆、菠菜和土豆。
4. 油倒进碗里后，把所有食材放进去蒸15分钟即可。

豌豆土豆布丁的材料：
蛋黄1个，豌豆5个，土豆20克，菠菜10克，配方奶粉1大匙，食用油少许。

小贴士
　　豌豆中含有丰富的蛋白质、糖类、矿物质、维生素A、维生素B_1、维生素B_2、维生素C等，而且不像毛豆那样存放时间短，它能存放一个月左右，所以不必担心不新鲜。

婴幼儿食谱做法

芝麻核桃粥
1. 把白米和芝麻磨碎。
2. 菠菜氽烫后沥干水分剁碎。
3. 平底锅中放进白米和芝麻，再倒进配方奶煮沸。
4. 熬煮成米粥后，放入切好的菠菜和核桃煮熟，最后放进奶酪融化即可。

优酪乳米粥
1. 将白米淘洗干净，在清水中浸泡3小时。
2. 锅置火上，放入白米和适量清水，大火煮沸，再转小火熬成烂粥，即可关火。
3. 待粥凉至温热后，加入优酪乳拌匀即可。

芝麻核桃粥的材料：
泡好的白米15克，菠菜10克，芝麻2小匙，切好的核桃1大匙，原味奶酪1／2片，配方奶90毫升。

小贴士
　　芝麻成分中有一半以上是脂肪，由亚麻油酸、亚油酸、棕榄油酸等不饱和脂肪酸构成，身体无法合成，只能透过食物摄取。而且芝麻中含有维生素E，能防止在细胞膜上的不饱和脂肪酸酸化，对宝宝的大脑有益。

优酪乳米粥的材料：
白米15克，优酪乳50毫升，水90毫升。

小贴士
　　优酪乳可促进宝宝胃肠功能，但其酸度高，宝宝直接饮用并不合适。而白米煮粥好消化，其中的碱性成分能部分中和优酪乳的酸度，使酸度降低。喂食宝宝优酪乳米粥，可以促使宝宝肠道里的益菌增多，强化消化排泄系统。

婴幼儿食谱做法

豌豆鲜鱼奶酪粥
1. 白米要磨碎,鲜鱼蒸熟后去鱼刺再剁碎。
2. 煮熟的豌豆去皮磨碎,黄瓜剁碎。
3. 磨好的白米倒入海带高汤熬成米粥,再放入鱼和黄瓜煮熟,豌豆和奶酪最后放进粥里。

鲔鱼南瓜粥
1. 泡好的白米磨碎。
2. 鲔鱼、南瓜、秀珍菇分别剁碎。
3. 白米加水熬成米粥后,倒进剁碎的鲔鱼、南瓜、秀珍菇。所有食材煮熟后,倒进香油拌匀即可。

豌豆鲜鱼奶酪粥的材料：
泡好的白米15克，鲜鱼20克，豌豆10个，黄瓜10克，原味奶酪1／2片，海带高汤90毫升。

小贴士
　　奶酪的主要成分是蛋白质和脂肪，比牛奶更容易消化。宝宝要中期才可以开始食用奶酪，而且必须是原味奶酪才行。

鲔鱼南瓜粥的材料：
泡好的白米15克，鲔鱼20克，南瓜、秀珍菇各10克，香油少许，水90毫升。

小贴士
　　鲔鱼中含有对大脑有利的DHA，可以让宝宝更加聪明。南瓜中含有丰富的维生素A、B族维生素，可强化黏膜，对宝宝的视力也很好。

紫米南瓜粥的材料：
泡好的白米15克，泡好的紫米5克，南瓜20克，豌豆5个，杏仁粉1大匙，水120毫升。

小贴士
　　紫米能够调节身体的综合功能，强化免疫力，预防疾病，对贫血也有益处，体质比较虚弱的宝宝可以多吃。杏仁粉最好是买原味的杏仁在家中磨制，才能确保不会有不必要的添加物。

婴幼儿食谱做法

糙米黑豆粥

1. 把白米、糙米和紫米磨碎，加水熬成米粥。
2. 煮熟的南瓜磨碎，黑豆氽烫后磨碎。
3. 在米粥中放入南瓜和黑豆，稍煮片刻，让所有食材味道融合在一起即可。

紫米南瓜粥

1. 白米和紫米中倒进水，熬成米粥。
2. 煮熟的南瓜磨碎，豌豆氽烫后去皮磨碎。
3. 在米粥中加入南瓜、碗豆与杏仁粉，搅拌均匀后，稍煮片刻即可。

南瓜籽粥

1. 白米磨碎，南瓜籽剁碎。
2. 将煮熟的南瓜磨碎，绿椰菜氽烫后剁碎。
3. 磨好的白米中倒进海带高汤熬成米粥，再倒进碎南瓜籽、绿椰菜、南瓜泥熬煮片刻，最后放入香油和盐拌匀即可。

糙米黑豆粥的材料：
泡好的白米15克，紫米、糙米各5克，南瓜20克，黑豆5个，水100毫升。

小贴士

糙米含有较多的B族维生素，虽然有不易消化的缺点，但它有白米3倍的纤维质，因此对预防便秘有很好的帮助。紫米与黑豆是很好的黑色谷物，虽然比较不容易消化，但在熬煮前先磨碎，可以帮助宝宝肠胃消化吸收。

南瓜籽粥的材料：
泡好的白米20克，南瓜20克，南瓜籽、绿椰菜各5克，香油、盐各少许，海带高汤120毫升。

小贴士

南瓜籽的34%是脂肪油，是不饱和脂肪酸，因此有益于宝宝的头脑发育。另含有亚麻仁油酸、蛋白质、维生素A、维生素B_1、维生素B_2、维生素C及胡萝卜素等营养素，都是宝宝成长不可或缺的营养。

婴幼儿食谱做法

西红柿土豆泥
1. 西红柿洗净、去皮、切碎；土豆洗净、煮熟、去皮、压成泥。
2. 将碎西红柿、土豆泥与猪肉末一起搅匀，放入锅蒸熟即可。

白菜焖面条
1. 白菜洗净，切小丁。 2.将面条切小段放进海带高汤里煮软，转小火加入白菜丁一起焖煮约5分钟后，加入少许酱油调味即可。

西红柿土豆泥的材料：
西红柿、土豆各30克，猪肉末20克。

小贴士
　　西红柿中含有丰富的维生素C和大量纤维素，能帮助宝宝预防感冒，防止便秘。有的宝宝不喜欢吃单调的西红柿，可以把它切成片或小丁，与土豆泥、肉末做成泥，能缓解西红柿的酸味，使营养更全面。

白菜焖面条的材料：
面条30克，白菜10克，海带高汤100毫升，酱油少许。

小贴士
　　白菜含丰富的维生素C，此外还含有钙、磷和铁等微量元素，应给宝宝多吃白菜。面条可切成宝宝一口的长度，喂食的时候比较方便。

婴幼儿食谱做法

白菜牛肉粥
1. 泡好的白米和糙米磨碎,白菜剁碎。
2. 将调味料洋葱汁、梨子汁和香油放进切好的牛肉中拌均匀。
3. 将牛肉放进锅内炒5分熟时,放入磨好的白米和糙米,加入海带高汤,熬成米粥。
4. 在米粥中放入白菜煮熟,再放入盐调味即可。

鸡肉胡萝卜粥
1. 白米磨碎。
2. 煮熟的鸡胸肉剁碎后用香油、盐拌匀。
3. 胡萝卜、土豆、洋葱去皮后切碎。
4. 磨好的白米中倒入鸡高汤熬煮,米饭熟后放进蔬菜再煮,接着放入鸡胸肉搅拌一下再煮片刻即可。

白菜牛肉粥的材料：

泡好的白米10克，泡好的糙米5克，剁碎的牛肉20克，白菜10克，洋葱汁、梨子汁各1／2小匙，香油、盐各少许，海带高汤90毫升。

小贴士

牛肉含有丰富的脂肪、蛋白质和铁等，挑选牛肉时，注意新鲜度以及脂肪量不要太多即可。牛肉可以补充气血，让宝宝更有活力。

鸡肉胡萝卜粥的材料：

泡好的白米15克，胡萝卜10克，鸡胸肉、土豆各20克，洋葱5克，香油、盐少许，鸡高汤90毫升。

小贴士

鸡肉含有丰富的蛋白质，味道清淡，特别是鸡胸肉柔嫩脂肪少，对宝宝来说是很好的食物，而胡萝卜含有丰富的维生素A，对眼睛发育很好。鸡高汤可以用鸡骨头，加入适量的洋葱、蒜头一起熬制。

秀珍菇牛肉汤粥的材料:
泡好的白米20克,秀珍菇20克,青江菜15克,香油、盐各少许,牛肉高汤120毫升。

小贴士
　　秀珍菇又香又嫩,含有丰富的食物纤维,能清洗肝脏,改善便秘。牛肉高汤(将牛肉、洋葱、蒜头加水熬煮后,用纱布过滤出汤汁)可以事先熬好,分好一次的用量放进冰箱冷冻层备用。

栗子黑豆粥的材料:
泡好的白米15克,栗子3个,黑豆5个,胡萝卜5克,青江菜10克,鸡肉高汤90毫升。

小贴士
　　栗子中含有丰富的维生素和矿物质,对宝宝的肌肉成长有益;而且栗子含有类胡萝卜素,一旦让人体吸收后,就会转换为维生素A,使皮肤变得光滑有弹性,避免皮肤过于干燥。

婴幼儿食谱做法

秀珍菇牛肉汤粥

1. 白米磨碎。
2. 秀珍菇汆烫后剁碎，青江菜磨碎。
3. 磨好的白米中倒入牛肉高汤熬煮成米粥后，放入秀珍菇和青江菜煮熟，最后放入香油、盐拌匀即可。

栗子黑豆粥

1. 白米、栗子和黑豆一起磨碎。
2. 胡萝卜去皮磨碎，青江菜磨碎。
3. 锅中放入碎白米、栗子和黑豆，倒入高汤熬煮成米粥后，加入碎胡萝卜、青江菜煮熟即可。

苹果布丁

1. 苹果去皮、去果核磨成泥，菠萝磨碎。
2. 在蛋黄中加入配方奶粉与太白粉搅拌均匀后，倒入苹果和菠萝一起搅拌。
3. 在碗中倒入少许食用油，再放入拌好的食材用小火蒸熟即可。

苹果布丁的材料：
蛋黄1个，苹果20克，新鲜菠萝15克，太白粉1／2小匙，配方奶粉1小匙，食用油少许。

小贴士
　　苹果中含有果糖和葡萄糖等糖类，很容易被人体吸收，消化不好的宝宝也可以吃。苹果富含的果胶和菠萝富含的酵素，可以改善宝宝便秘。

婴幼儿食谱做法

虾仁椰菜粥

1. 白米磨碎,虾剁碎。
2. 绿椰菜汆烫后剁碎,胡萝卜去皮、剁碎。
3. 在海带高汤中加入白米,熬煮成米粥后,放入绿椰菜、胡萝卜和虾煮熟,最后放入香油和盐拌匀即可。

香菇鸡肉粥

1. 白米磨碎;新鲜香菇洗净,剁碎;鸡胸肉洗净,剁成泥状。
2. 锅内倒油烧热,加入鸡肉泥、碎香菇翻炒。
3. 白米倒入海带高汤煮成米粥,加入香菇末、鸡肉泥稍煮片刻即可。

虾仁椰菜粥的材料：
泡好的白米15克，剥好的虾3只，绿椰菜、胡萝卜各10克，香油、盐各少许，海带高汤90毫升。

小贴士
　　绿椰菜中富含维生素A和维生素C。要挑选呈深绿色且还没有开花的绿椰菜。虾仁能增强体力，因此适合给身体虚弱的宝宝食用。市面上贩卖的虾仁都有加工过以增加口感，因此最好买活虾回家自己处理。

香菇鸡肉粥的材料：
泡好的白米15克，鸡胸肉20克，新鲜香菇2朵，食用油少许，海带高汤90毫升。

小贴士
　　鸡肉泥、碎香菇先在锅内翻炒，可以释放出食材的香味，熬煮出来的米粥味道更香。香菇与海带汤一起炖煮食用，可以提高钙质吸收率，促进宝宝骨骼成长。

婴幼儿食谱做法

鱼肉海苔粥

1. 白米磨碎。
2. 白肉鲜鱼煮熟去鱼刺，切成小块。
3. 白菜洗净后剁碎。
4. 在白米中倒入海带高汤熬煮成米粥后，放入白肉鲜鱼和白菜煮熟，最后放入海苔拌匀即可。

蟹肉糯米粥

1. 白米和糯米磨碎，蟹肉氽烫后剁碎。
2. 胡萝卜和洋葱去皮剁碎。
3. 用食用油炒洋葱片刻后，放入白米、糯米和水熬成米粥，再放入胡萝卜、蟹肉熬熟，最后放入海苔和盐拌匀即可。

鱼肉海苔粥的材料：
泡好的白米15克，白肉鲜鱼20克，白菜5克，海苔少许，海带高汤90毫升。

小贴士
鲜鱼不但刺少也不会有腥味，富含的蛋白质容易被吸收，适合作为宝宝副食品材料；而海苔中含有丰富的钙质，还有许多可以促进身体代谢的元素，对宝宝成长有益。

蟹肉糯米粥的材料：
泡好的白米15克，泡好的糯米、洋葱各5克，蟹肉20克，胡萝卜10克，海苔、盐、食用油各少许，水1/2杯。

小贴士
糯米不仅热量高，而且停留在肠子中的时间较长，因此食用后不会很快就饿。当孩子腹泻时，可以熬成粥食用，这样会有不错的止泻效果。

牛奶薄饼的材料：
低筋面粉50克，配方奶90毫升，鸡蛋1个，食用油、奶油各适量。

小贴士
　　宝宝胃口不好时，可以尝试喂宝宝吃牛奶薄饼，用奶油煎味道很香，可以促进宝宝食欲。用配方奶取代水制作面糊，营养成分更加均衡，宝宝也会更爱吃。

芋头玉米泥的材料：
芋头、玉米粒各25克。

小贴士
　　芋头与玉米粒比较不好消化，要视宝宝的肠胃情况喂食。如果宝宝不喜欢芋头的味道，可以在食材中拌入配方奶，让宝宝尝到熟悉的味道可以增进食量。

婴幼儿食谱做法

牛奶薄饼
1.将鸡蛋打散,加入低筋面粉和一半的配方牛奶一起搅拌均匀。
2.拌匀后再加入食用油与另一半的配方牛奶拌匀,放入冰箱内冷藏一晚。
3.将平底锅抹上奶油后加热,将面糊舀入锅中,煎至两面成金黄色时即可起锅。

芋头玉米泥
1.芋头去皮洗净,切成块状,放水锅内蒸熟。
2.玉米粒洗净煮熟,然后放入搅拌器中搅拌成玉米蓉。
3.用汤匙背面将熟芋头块压成泥状,加入玉米蓉拌匀即可。

木瓜泥
1.将木瓜洗净,去籽、去皮后切成丁。
2.放入碗内,然后用小汤匙搅成泥状即可。

木瓜泥的材料:
木瓜50克。

小贴士
　　木瓜中含有一种酵素,有助于消化蛋白质,利于宝宝对食物的消化吸收,有健脾消食的功效。选购木瓜时,要注意是否已经完全成熟,喂食宝宝还没成熟的木瓜,容易造成肠胃不适。

Part2 让宝宝在每个阶段都吃得健康

南瓜浓汤

材料：
南瓜20克，鸡肉高汤80毫升，配方奶20毫升。

做法：
1. 将南瓜洗净，切丁，放入果汁机中，加鸡肉高汤打成泥状。
2. 取出放入小锅内，加入配方奶，用小火煮沸即可。

小贴士

南瓜可以提供宝宝丰富的胡萝卜素、B族维生素、维生素C、蛋白质等，其中的胡萝卜素可以转化为维生素A，促进眼睛健康发展、预防组织老化、维护视神经健康。

婴幼儿食谱做法

土豆泥
1. 将土豆洗净,去皮,切小块后放入锅中蒸熟,取出后将土豆压碎,即成土豆泥
2. 加入温水或配方奶拌均匀即可喂食。(也可将材料换成胡萝卜,即成胡萝卜泥。)

鲜鱼萝卜汤
1. 鱼肉蒸熟后,去鱼刺并压成泥状。
2. 将高汤倒入锅中,放入鱼肉和白萝卜泥稍煮片刻。
3. 最后用玉米粉勾芡即可。

土豆泥的材料：
土豆50克，温水适量（或配方奶1大匙）。

小贴士
　　宝宝在8个月大的时候，多吃泥状食物比较容易有饱足感，才不会很快就觉得饿了。尤其是晚餐，宝宝吃饱才能跟大人一起睡到天亮，不会半夜因为肚子饿而哭闹。

鲜鱼萝卜汤的材料：
鱼肉50克，白萝卜10克，玉米粉少许，海带高汤100毫升。

小贴士
　　鱼肉中含有DHA和EPA两种脂肪酸，对于宝宝的脑部发育很有帮助。白萝卜味道清淡，炖煮后会释放甜味，可以促进宝宝的食欲。

豌豆糊的材料：
豌豆30粒，鸡肉高汤2大匙。

小贴士

豌豆富含蛋白质、维生素B_1、维生素B_6和胆碱、叶酸等，味道比黄豆好，宝宝大多不会排斥。另外豌豆对腹泻和红便有显著疗效。

苹果红薯泥的材料：
红薯、苹果各50克。

小贴士

红薯是碱性食品，能与酸性物质中和，调节宝宝体内的酸碱平衡，加入苹果泥（也可以用梨子泥代替）可以让味道更好。

婴幼儿食谱做法

豌豆糊

1. 将豌豆洗净，放入沸水中炖煮熟烂。
2. 取出炖烂的豌豆捣碎，加入鸡肉高肉汤一起拌匀即可。

苹果红薯泥

1. 红薯洗净、去皮；苹果洗净、去皮、去核后磨成泥。
2. 红薯放入锅内蒸熟，取出放入碗内用汤匙压成泥，加入苹果泥拌匀即可。

胡萝卜豆腐泥

1. 胡萝卜洗净去皮，切小丁。
2. 在锅内倒入水和胡萝卜丁炖煮，直到胡萝卜变软，再将嫩豆腐边捣碎边加进去煮。
3. 煮5分钟左右，汤汁变少时，将鸡蛋黄打散加入即可。

胡萝卜豆腐泥的材料：
胡萝卜20克，嫩豆腐50克，鸡蛋1个，水80毫升。

小贴士
　　胡萝卜中含有丰富的胡萝卜素，对眼睛很好；豆腐和鸡蛋含有优质蛋白质和矿物质，有助于宝宝健康成长。

南瓜拌核桃

材料：
南瓜、土豆各50克，葡萄干5克，核桃粉1大匙，配方奶粉1小匙。

做法：
1. 煮熟的南瓜要在热的时候磨碎。
2. 土豆去皮煮熟后磨碎，葡萄干剁碎。
3. 碗中放入碎南瓜和土豆，把碎葡萄干和核桃粉一起搅拌均匀，最后再放进配方奶粉拌匀即可。

小贴士

南瓜含有胡萝卜素和B族维生素、维生素C、脂肪等营养素，甜味宝宝会爱吃，还有胡萝卜素的颜色能增加食欲。如果觉得配方奶粉不容易拌均匀，可以先用一点温水泡好后再加入。

食材小档案——核桃

核桃营养丰富，蛋白质和碳水化合物含量较高，能提供宝宝大脑能量，可以促进大脑灵活；此外还含有核黄素、胡萝卜素、维生素E及钙、磷、铁等矿物质，能促进血液循环，提高宝宝记忆力和思考力。

核桃的氨基酸含量高达25%，其中人体必需氨基酸占7种，因此有很高的营养价值。

核桃果实坚硬，所以烹调时应彻底将果实磨碎后，再喂宝宝吃，才能确保不会噎到，且肠胃可以消化吸收营养素。

断乳后期——
9~10月

制作断乳后期副食品的注意事项

宝宝到处爬,有时拿着玩具玩耍。这个时期宝宝活动量增多,要特别注重添加副食品。后期开始宝宝能吃大部分的蔬菜、水果、肉和坚果类食物,变化出各式各样的副食品,别忘了让宝宝多摄取蛋白质。

成长记录

自己玩耍

宝宝不但可以爬,还能自己坐起来,只要扶一下,他就能站直,也可自己扶着东西站起来。可以把宝宝的脚放到大人的脚背上,喊着"一、二",让他练习走路。

模仿他人

宝宝可以模仿他人的动作、玩玩具,父母把玩具藏起来他也能找到。宝宝能用食指和拇指抓东西。能听懂话语,可以说"爸爸"、"妈妈"等简单的话,会认得其他人。

用牙龈慢慢咀嚼

这个时期宝宝可能已经长出4颗左右的牙齿,能慢慢咀嚼食物,要想让宝宝长出漂亮的永久齿,奶牙也要细心呵护才行,所以喝完牛奶或吃完副食品后,可以喂宝宝喝一些温开水。

可以自己拿着吃

宝宝能自己拿着奶瓶喝奶,水果也可以自己吃。宝宝的手指能随意动的时候,表示他有能力拿汤匙吃饭了。可以把配方奶倒进小杯子中,让宝宝练习用杯子喝东西。

喂食的时间与分量

母乳或配方奶的分量要逐渐减少，一天喝600毫升即可，分成四次喂，时间为上午10点，下午2点、4点，晚上9点左右为宜。副食品可以选择虾仁稀饭、鸡肉稀饭、牛肉稀饭、鸡蛋炒饭等，最好一天喂3次，一次为100～120克（大人用碗约1／3），上午8点、中午12点、晚上6点时喂最适宜。

副食品烹调方式

蔬菜 煮熟切成5～7毫米大小的丝，煮好的土豆磨成泥再食用。

谷物类 泡过的白米和水的比例1:4，做成软饭或粥。

水果 苹果、梨子等水果去皮切成薄片，香蕉切成小块状。

肉类 熬成高汤、做成软饭或磨成肉酱。鸡胸肉去皮煮或蒸后，撕碎成5毫米左右。

鲜鱼 煮或烤熟后去掉鱼刺和皮，鱼肉剁成肉末。

豆腐 磨碎成5～7毫米大小，用于副食品。

鸡蛋 选用蛋黄，用于制作副食品。

虾仁蔬菜稀饭

小贴士

购买宝宝吃的海鲜类食材,一定要买新鲜的才行。因为虾子是易引发过敏的食材,第一次喂宝宝吃含有虾子的副食品时,要观察是否有皮肤出疹子等过敏情况。

材料:
软饭40克,虾仁5只,胡萝卜、洋葱各10克,秀珍菇5克,食用油1/2小匙,海带高汤1/4杯。

做法:
1. 虾肉汆烫后磨碎。
2. 胡萝卜和洋葱去皮,切成5毫米大小;秀珍菇汆烫切成丝。
3. 加油热锅放入洋葱炒一会儿,再按顺序放入胡萝卜、虾仁、秀珍菇炒熟。
4. 放入海带高汤和软饭,搅拌均匀即可。

食材小档案——虾子

虾子含丰富的蛋白质及脂肪(必需氨基酸)、糖类,维生素A、维生素B_1、维生素B_2、维生素E和矿物质钙、磷、钾、碘、铁等营养成分,可以使人神清气爽,提高身体温度。其中蛋白质含量比猪肉多15%,但脂肪含量却比猪肉少35%,是一种高蛋白、低脂肪的优质海鲜食材。

宝宝断乳中期以后可以开始吃虾子,新鲜的虾子虾肉紧实有弹性,虾头不会脱落,虾壳透明,虾身摸起来清爽不黏滑。最好不要购买市面上已经处理好的虾仁给宝宝吃,而是要买新鲜的虾子回家自己剥壳、去肠泥。

婴幼儿食谱做法

鸡肉包菜
1. 煮熟的鸡胸肉剁碎,包菜切细丝。
2. 胡萝卜去皮剁碎,豌豆煮熟后去皮剁碎。
3. 加油热锅,放进包菜和胡萝卜炒一下,再倒入小鱼干汤熬煮,然后放入碎鸡肉和豌豆,最后用太白粉水勾芡。

鲷鱼蔬菜饭
1. 鲷鱼蒸熟后去除鱼刺,再切成小碎块。
2. 白菜心、洋葱切细丝,胡萝卜去皮后再切小丁。
3. 加油热锅,把白菜心、洋葱和胡萝卜炒一会儿,再放入软饭和鲷鱼肉搅拌。

鸡肉包菜的材料：

鸡胸肉50克，包菜30克，胡萝卜10克，豌豆5粒，太白粉水1大匙，小鱼干汤1/2杯，食用油1/2小匙。

小贴士

小鱼干汤（小鱼干15~20只，加入600毫升清水熬煮后，用纱布过滤出汤汁即可）可以补充钙质，同时让副食品的味道更鲜美，给宝宝吃得更健康。

鲷鱼蔬菜饭的材料：

软饭40克，鲷鱼20克，白菜心15克，胡萝卜10克，洋葱5克，食用油1/2小匙。

小贴士

选择宝宝吃的食材，以当季的为主，才能确保食材新鲜且没有添加物（如保鲜剂、防腐剂等）。鲷鱼在春天吃最好、最新鲜，又白又嫩，味道纯正，而且对宝宝无刺激。

牛肉汤的材料：
牛肉、胡萝卜、洋葱各20克，太白粉水1大匙，奶油1／2小匙，配方奶1／2杯。

小贴士
　　缺乏蛋白质会导致记忆力和思考能力下降，正在发育的宝宝应该多吃含有丰富蛋白质的牛肉，才能确保脑部组织正常发育与运作。

南瓜拌土豆的材料：
南瓜60克，土豆50克，苹果1／5个，核桃粉、水各1大匙。

小贴士
　　南瓜中含有丰富的维生素A和维生素C，能增强黏膜，提高宝宝的抵抗力和身体温度。南瓜和土豆蒸熟比用水煮熟好，更能保存食物的自然甜味，宝宝会更爱吃。

婴幼儿食谱做法

牛肉汤

1. 把煮熟的牛肉切成片。
2. 胡萝卜和洋葱去皮,切成5毫米大小。
3. 锅中放入奶油融化后,先炒胡萝卜和洋葱,然后倒入配方奶拌均匀,再加入太白粉水勾薄芡,最后加入牛肉即可。

南瓜拌土豆

1. 南瓜蒸熟后去皮和籽磨碎,土豆蒸熟去皮磨碎。
2. 苹果去皮、去果核切成丝,倒入水磨成泥,用纱布滤出汁。
3. 再将碎南瓜、土豆、核桃粉拌匀后,放入苹果汁拌匀即可。

奶酪酱豆腐

1. 豆腐切片后,倒进锅中加油煎熟。
2. 将奶酪和柠檬汁、橘子汁一起搅拌后,放入碎核桃和花生末做成奶酪酱汁。
3. 碗中放入豆腐,最后淋上奶酪酱汁即可。

奶酪酱豆腐的材料:
豆腐70克,食用油1小匙,奶酪酱汁适量(原味奶酪1片,柠檬汁1大匙,橘子汁2大匙,磨碎的核桃1大匙,花生粉少许)。

小贴士
　　豆腐和奶酪含有丰富的蛋白质和钙质,核桃与花生含有脂肪(不饱和脂肪酸)为人体必需氨基酸,适合作为宝宝副食品。

婴幼儿食谱做法

西蓝花土豆泥
1. 西蓝花洗净，煮熟后切碎；土豆蒸熟后，去皮压成泥。
2. 猪肉末用食用油炒熟后，与土豆泥、碎西蓝花混合拌匀，加入胡椒粉即可。

豆腐蛋黄泥
1. 豆腐放沸水中氽烫后压成泥；鸡蛋煮熟后取出蛋黄磨成泥。
2. 将豆腐泥和蛋黄泥混合在碗里，加入适量葱末搅拌均匀即可。

西蓝花土豆泥的材料：
西蓝花30克，土豆50克，猪肉末10克，胡椒粉、食用油各适量。

小贴士
　　西蓝花含有丰富的维生素C和纤维质，可以让宝宝的皮肤变好，预防便秘。猪肉含有丰富的蛋白质，食用前要充分煮熟。青菜与肉类一起烹煮，才能确保宝宝维持均衡的饮食。

豆腐蛋黄泥的材料：
豆腐100克，鸡蛋1个，葱末适量。

小贴士
　　宝宝愈大对钙的需求量也愈多。鸡蛋、豆腐含有丰富的钙，吃起来又软又嫩，特别适合还不太会咀嚼的宝宝食用。此外要尽量让宝宝品尝食材的原味，所以要少放盐，葱花的点缀会让宝宝觉得秀色可餐，但不要太多。

婴幼儿食谱做法

紫菜吻仔鱼粥

1. 紫菜撕成小块；绿叶蔬菜切碎；吻仔鱼切碎；熟芋头去皮，压成芋头泥。
2. 将米粥倒入锅中，加入吻仔鱼、紫菜和绿叶蔬菜煮熟后，加入芋头泥拌匀即可。

山药粥

1. 将白米洗净，浸泡1小时；山药去皮，洗净，切成小块；虾去壳，去除沙肠，洗净，切成小丁备用。
2. 锅中放入白米和海带高汤熬成米粥，再加入山药块，用小火煮15分钟左右。
3. 放入虾肉丁，再略煮2分钟，加入盐、葱花调味即可。

紫菜吻仔鱼粥的材料：
紫菜、熟芋头各10克，吻仔鱼20克，绿叶蔬菜20克，米粥1小碗。

小贴士
　　吻仔鱼可以整只食用，含有丰富的钙质与蛋白质。市面上贩卖的吻仔鱼如果看起来雪白，表示有经过漂白处理，应避免购买。另外可以将紫菜换成海带，营养价值不会减少。

山药粥的材料：
山药30克，虾1只，白米50克，盐、葱花各少许，海带高汤90毫升。

小贴士
　　山药含有多种氨基酸，被人体吸收后，能促使身体组织功能维持正常运作，更新、代谢坏细胞。因其含有黏多糖，进入胃肠道内，可促进蛋白质和淀粉的分解及吸收，对宝宝来说是很好的食材。

吻仔鱼白菜稀饭的材料：
软饭40克，吻仔鱼10只，白菜15克，洋葱5克，香油、盐各少许，食用油1/2小匙，海带高汤1/2杯。

小贴士
　　吻仔鱼虽然含有丰富的钙，对宝宝很好，但是缺点就是有腥味，加入洋葱一起拌炒，能去除腥味，稀饭吃起来也会更香甜，可以促进宝宝的食欲。

婴幼儿食谱做法

香菇菠菜面

1.将鸡蛋面条切成小段；菠菜用热水汆烫后沥干水，剁碎；香菇、黑木耳泡发洗净剁碎。
2.在锅中加入鸡肉高汤煮沸，放入鸡蛋面条和菠菜煮熟后，放入香菇和碎木耳，转小火焖煮至烂，加少许盐调味即可。

香菇菠菜面的材料：
鸡蛋面条50克，菠菜20克，香菇、黑木耳各5克，盐少许，鸡肉高汤100毫升。

小贴士
初期可以将面条煮得软烂一点，等宝宝习惯了之后，就可以尝试吃筋道一点口感，引起宝宝的食欲，也可以让宝宝练习咀嚼久一点再吞咽。

吻仔鱼白菜稀饭

1.白菜切成5毫米大小，洋葱也切成细丝。
2.加油热锅后炒洋葱，再放入软饭、吻仔鱼及白菜搅拌。
3.倒入高汤稍煮一下，再放入香油及盐拌匀即可。

土豆稀饭

1.土豆和胡萝卜去皮后，切成5毫米大小。
2.菠菜只要把叶子部分煮熟再沥干水分，切成大小一样的形状。
3.小瓷锅中放入食用油，炒土豆和胡萝卜，熟到一定程度再加水、软饭和菠菜煮熟即可。

土豆稀饭的材料：
软饭40克，土豆20克，胡萝卜、菠菜各10克，食用油1/2小匙，水1/2杯。

小贴士
土豆对味道敏感的宝宝无刺激，又有营养。土豆最好吃的时候是五六月份，购买时要注意是否发芽，发芽的土豆含有不好的化学物质，不适合宝宝食用。

茄子稀饭

材料：
软饭40克，牛肉、茄子、胡萝卜各10克，洋葱5克，葱花1／4小匙，洋葱汁1／2小匙，香油、盐各少许，海带高汤1／4杯。

做法：
1. 牛肉磨碎后放洋葱汁和香油搅拌。
2. 茄子剁碎，胡萝卜和洋葱去皮后剁碎。
3. 平底锅加油热锅，先炒牛肉，再放入茄子、胡萝卜和洋葱炒一会儿。
4. 食材炒熟后，放入海带高汤、葱花、软饭再煮，最后加入香油和盐即可。

小贴士

夏天多吃新鲜的蔬菜，有降温的功用，其中茄子是效果最明显的，宝宝在体温高、躁热的时候吃会有很好效果。茄子要选择深紫色、有光泽的，用手轻捏有弹性的较新鲜。

食材小档案——茄子

茄子含有维生素A、B族维生素、维生素C、维生素P、钙、磷、镁、钾、铁、铜等营养素。茄子有90%是水分，富含膳食纤维，断乳中期可以捣成泥状喂宝宝吃，断乳后期可以剁碎和其他食材一起烹煮。

茄子富含维生素P，可软化血管与增强弹性，烹调茄子时，由于维生素P大多在紫色表皮与茄肉相接之处，加上铁质遇到空气容易氧化，因此不宜去皮吃。茄子最好在清洗、切碎后马上烹煮，以防止营养成分流失。

嫩豆腐稀饭的材料：
软饭40克，嫩豆腐20克，菠菜、秀珍菇各10克，大豆粉1大匙，香油少许，小鱼干高汤1/2杯。

小贴士
豆腐天气热容易变质，购买后要尽快放入冰箱保存。特别是嫩豆腐比一般的豆腐水分还多，因此更容易变质，购买时特别要注意保存期限。宝宝不小心吃到过期的豆类制品，会导致拉肚子。

鲔鱼土豆饭团的材料：
软饭40克，鲔鱼15克，土豆20克，青江菜10克，蛋黄1/2个，配方奶1大匙，食用油1/2小匙。

小贴士
鲔鱼不仅含有高蛋白，而且还是低脂肪、低能量的食品，其中DHA能增强记忆力，是宝宝脑部发育、成长很好的食材，在产季时可以多吃。

婴幼儿食谱做法

嫩豆腐稀饭
1. 嫩豆腐要用流动的水清洗，沥干水分后磨碎。
2. 菠菜和秀珍菇用清水洗净后汆烫，再切成丝。
3. 小鱼干高汤中放入大豆粉，再放进嫩豆腐和菠菜、秀珍菇煮熟，再倒入软饭搅拌，最后加入香油即可。

鲔鱼土豆饭团
1. 鲔鱼肉蒸熟后磨碎。
2. 土豆煮熟后去皮磨碎，青江菜汆烫后切成5毫米长。
3. 加油热锅，放入打散的蛋黄、配方奶、鲔鱼、青江菜炒熟，再放入土豆和软饭拌匀起锅，放凉捏成饭团。

蟹肉菠菜稀饭的材料：
软饭40克，蟹肉、菠菜、洋葱各10克，香油、盐各少许，食用油1/2小匙，海带高汤1/2杯。

小贴士
如果觉得挖出蟹肉很费工，可以直接使用冷冻蟹肉，解冻后用清水清洗，沥干水分。冷冻蟹肉可能有比较重的腥味，宝宝不喜欢的话，烹煮前可以先用热水稍微烫一下，但不能烫太久否则营养会流失。

南瓜煎奶酪的材料：
南瓜20克，土豆15克，原味奶酪1/2片，蛋黄1/2个，面粉1大匙，食用油1小匙。

小贴士
奶酪含有丰富的蛋白质与钙质，南瓜、奶酪与磨碎的土豆一起煎，有助于消化，营养也丰富。

婴幼儿食谱做法

蟹肉菠菜稀饭

1. 蟹肉切细碎一点。
2. 洋葱去皮后磨碎,菠菜汆烫后切成细丝。
3. 加油热锅放进洋葱炒出香味,再放入蟹肉、菠菜、软饭、海带汤煮熟,最后放入香油、盐即可。

南瓜煎奶酪

1. 南瓜去皮、去籽后切成细丝。
2. 土豆去皮蒸熟后磨碎,奶酪切成片。
3. 将南瓜、磨碎的土豆、切好的奶酪、蛋黄倒入大碗中,再倒入面粉搅拌均匀。
4. 加油热锅,把和好的面糊做成约7厘米的圆饼,煎熟即可。

豌豆鸡肉稀饭的材料：

软饭40克，鸡胸肉15克，豌豆5个，菠菜、胡萝卜各10克，香油、盐各少许，食用油1/2小匙，鸡肉高汤1/2杯。

小贴士

　　豌豆不仅味道香甜，且含有丰富的维生素A、维生素C等，其蛋白质的含量也很高，还含有丰富的纤维，对宝宝的身体非常好。

蔬菜水果布丁的材料：

李子1个，香蕉、土豆各30克，胡萝卜、西红柿各5克，西蓝花10克，蛋黄1个，配方奶粉1小匙。

小贴士

　　鸡蛋中含有丰富的营养，但缺少维生素C，所以与含有丰富维生素C的土豆、水果与新鲜蔬菜一起料理，会变成十分有营养价值的副食品。

婴幼儿食谱做法

豌豆鸡肉稀饭

1. 鸡胸肉煮熟，切成5毫米大小，再拌一些香油。
2. 胡萝卜去皮后剁碎，菠菜和豌豆氽烫后剁碎。
3. 加油热锅，放入拌好的鸡胸肉炒熟后，再放入其他蔬菜。
4. 倒入软饭和鸡肉高汤，稍煮一下即可。

蔬菜水果布丁

1. 李子去皮、去籽后磨碎，香蕉去皮磨成泥。
2. 土豆和胡萝卜去皮后煮熟，土豆磨碎，胡萝卜切成丝。
3. 西蓝花氽烫后只取花的部分，西红柿氽烫后去皮切碎。
4. 将李子和碎土豆、胡萝卜、绿西蓝花、西红柿和香蕉泥一起混合搅拌，再倒入蛋黄和奶粉搅拌均匀，入锅蒸熟即可。

鸡蛋水果煎饼

1. 土豆去皮后磨碎。
2. 西红柿、苹果、香蕉去皮后切碎。
3. 加油热锅放入碎土豆翻炒熟透，再放入碎西红柿一起炒。
4. 鸡蛋与奶粉混合均匀后，倒入已热好的油锅中，鸡蛋半熟时放入炒过的土豆、西红柿和苹果、香蕉，煎熟即可。

鸡蛋水果煎饼的材料：
土豆50克，西红柿1大匙，苹果1/2个，香蕉20克，鸡蛋1颗，配方奶粉1大匙，食用油1小匙。

小贴士

　　在煎饼中加入苹果和香蕉，味道会比较清爽。鸡蛋含有丰富的蛋白质，有利头脑发育，吸收率高达98%。蛋白可能会引起过敏，喂宝宝吃的时候，要多注意他的反应。

什锦蔬菜粥的材料：
软饭40克，胡萝卜、红薯、南瓜各10克，花生粉1大匙，水1杯。

小贴士
　　红薯是根茎类蔬菜中纤维质含量最多的，能防止便秘，而且含有对视力好的维生素A、胡萝卜素，加上有容易吸收的碳水化合物，对宝宝来说是很好的能量来源。

香菇稀饭的材料：
软饭40克，新鲜香菇、金针菇、胡萝卜、绿豆芽各10克，海带高汤1/2杯。

小贴士
　　香菇含有丰富的蛋白质、脂肪和糖类，虽然没有维生素A，但维生素B、维生素C含量丰富。绿豆芽烹煮时间不要太久，口感脆脆的可以促进宝宝食欲。

婴幼儿食谱做法

什锦蔬菜粥

1. 红薯和南瓜去皮，蒸熟后磨碎。
2. 胡萝卜去皮剁碎，用水汆烫。
3. 将胡萝卜和软饭、花生粉、水一起混合，在小瓷锅中煮一会儿，最后放入红薯和南瓜拌匀即可。

香菇稀饭

1. 香菇、金针菇洗净后，去除根部切成5毫米。
2. 绿豆芽去头尾切小段，胡萝卜去皮切成小丁。
3. 海带高汤加热，把备好的香菇、金针菇和胡萝卜一起放进去煮熟，再放入软饭煮入味，最后加入绿豆芽稍煮一下即可。

牛肉白菜汤饭的材料：

软饭40克，牛肉、虾肉、白菜各10克，萝卜5克，香油、盐各少许，海带高汤1/4杯。

小贴士

白菜是含有丰富维生素C的碱性食品，还有构成蛋白质的必需氨基酸，丰富的纤维质可以改善宝宝便秘。加上肉类、海鲜一起烹煮，是一道营养完整的副食品。

鸡肉洋菇稀饭的材料：

软饭40克，鸡肉30克，洋菇、青江菜各10克，奶油1/2小匙，鸡肉高汤1/2杯。

小贴士

鸡肉比起其他肉类更助于消化，作为副食品是很好的材料。因为宝宝消化系统还没发育健全，所以一定要先去皮之后再烹煮。

婴幼儿食谱做法

牛肉白菜汤饭
1. 牛肉要切细一点。
2. 虾肉氽烫后剁碎,再加香油、盐一起搅拌。
3. 白菜切成丝,萝卜去皮剁碎。
4. 在小瓷锅中倒入海带汤,先放入萝卜煮软后,加入软饭、牛肉、虾肉和白菜稍煮片刻即可。

鸡肉洋菇稀饭
1. 鸡肉煮熟切成5毫米大小,洋菇也切成5毫米大小,青江菜氽烫后亦同。
2. 加奶油热锅先炒鸡肉,再放入洋菇继续炒。
3. 在小瓷锅中放入鸡高汤和软饭,倒入炒好的鸡肉和洋菇熬煮一下。
4. 最后放入烫好的青江菜稍煮即可。

鲜虾汤饭的材料：
软饭40克，虾仁5个，萝卜20克，秀珍菇、菠菜各10克，葱花1/2小匙，小鱼干高汤1/2杯。

小贴士
虾子含有丰富的蛋白质和钙，还有多样化维生素，对宝宝很好。买新鲜的虾子自己剥成虾仁，可以确保没有添加化学物质，虾壳和头可以再次利用，拿来熬汤，才不会浪费。

小白菜玉米粥的材料：
软饭40克，小白菜、玉米粒各20克，海带高汤1/2杯。

小贴士
玉米是非常有益的蔬菜，它的氨基酸、粗纤维以及植物蛋白含量都很高，让宝宝从小就适量吃一些，不仅有利于身体的成长，还可训练宝宝的咀嚼能力。

婴幼儿食谱做法

鲜虾汤饭
1. 虾仁在盐水中洗一下剁碎，萝卜切成5毫米大小。
2. 秀珍菇氽烫切成5毫米大小，菠菜亦同。
3. 小瓷锅中倒入小鱼干高汤，放入萝卜熬煮，再放入虾肉、秀珍菇和菠菜继续煮。
4. 加入软饭熬煮一下，最后放进葱花即可。

小白菜玉米粥
1. 小白菜、玉米粒洗净，入沸水中氽烫，捞出切碎。
2. 小瓷锅中倒入海带高汤，放入小白菜、玉米和软饭，熬煮一下即可。

海鲜豆腐汤
1. 虾仁洗净，去除沙肠，剁碎。
2. 鸡胸肉、香菇、香菜分别洗净，剁成碎末。
3. 小瓷锅置火上，放入高汤烧沸，加入碎虾仁、碎鸡肉和香菇末，转小火熬煮片刻。
4. 加入豆腐稍煮片刻，撒上香菜末即可。

海鲜豆腐汤的材料：
虾仁3只，鸡胸肉10克，香菇2朵，豆腐20克，香菜适量，海带高汤1/2杯。

小贴士
　　海鲜豆腐汤营养丰富且味道鲜美。食材中，虾仁和豆腐富含蛋白质，在天气热时容易变质，因此购买后要尽快放进冰箱冷藏，才能保持新鲜；另外，最好在两三天内烹煮，不要冷藏太多天。

Part2 让宝宝在每个阶段都吃得健康

松子银耳粥

小贴士

松子用烤箱烤会散发出食材自然的香味,煮粥后更加美味,只需要多花一点点时间,就可以让宝宝更爱吃。此粥适合秋天给宝宝吃,还可以预防天气干燥引起的咳嗽。

材料:
松子、银耳各10克,软饭40克,海带高汤1/2杯。

做法:
1. 松子用烤箱烤一下磨碎,银耳洗净后泡水。
2. 小瓷锅内放入软饭和海带高汤,煮成米粥。
3. 将泡开的银耳撕成小块,与松子一起放入粥中,熬煮一下即可。

食材小档案——松子、银耳

松子中含油脂约占70%,而且大多为不饱和脂肪酸,这些脂肪酸人体不能合成,必须从食物中摄取,它们能增强脑细胞代谢,同时有促进和维护脑细胞功能和神经功能的作用,宝宝常吃松子有益生长发育、健脑益智。

银耳是很温和的食材,多吃不会造成身体负担。其富含维生素D,能防止钙的流失,对宝宝生长发育十分有益;富含的胶质可以保护胃壁、肠壁,增强皮肤弹性,对宝宝的肠胃、皮肤很好。

Part2 让宝宝在每个阶段都吃得健康

鲜鱼奶酪烤饼的材料：
白肉鲜鱼30克，土豆40克，西蓝花10克，葱花1/2小匙，原味奶酪1片，面粉1大匙。

小贴士
　　宝宝在断乳中期之后，一定要常吃一些低脂肪的鲜鱼，有助于脑部发育。鱼肉比较细致，富含的蛋白质容易被身体消化吸收，只要不过量，对宝宝来说是很好的食材。

牡蛎萝卜稀饭的材料：
软饭50克，牡蛎20克，白菜、萝卜各10克，香油、盐各少许，海带高汤1/2杯。

小贴士
　　牡蛎来自大海，所以含有丰富的蛋白质和钙、铁，还有维生素和矿物质，能帮助消化，是很好的副食品材料。加入白菜、萝卜一起熬粥，可以让味道更甘甜，营养也更均衡。

婴幼儿食谱做法

鲜鱼奶酪烤饼
1.鲜鱼蒸熟后去除鱼刺，剁成肉末。
2.蒸熟的土豆去皮后磨碎；西蓝花只取用花的部分，用热水余烫剁碎；奶酪切碎。
3.把鱼肉和碎土豆、西蓝花、奶酪、葱花加入面粉一起搅拌均匀。
4.将和好的面糊，用汤匙盛到烤盘上，在160℃的烤箱中烤10分钟即可。

牡蛎萝卜稀饭
1.牡蛎在盐水中洗净，余烫后剁碎。
2.白菜切成5毫米大小，萝卜去皮切成小丁状。
3.海带高汤中放入软饭熬煮，然后放入牡蛎和蔬菜再煮片刻。
4.最后放入香油和盐拌匀即可。

糯米红薯粥的材料：
泡好的糯米20克，红豆10克，栗子1个，红薯20克，水80毫升。

小贴士
红豆中含有丰富的蛋白质和维生素B_1，能防止碳水化合物沉积在肌肉中，导致肌肉容易疲劳；丰富的膳食纤维，能有效地防治便秘。糯米可以补充身体精力，让宝宝更有活力。

海苔拌稀饭的材料：
软饭40克，海苔1张，胡萝卜10克，吻仔鱼5只，水煮蛋黄1/2个，香油少许，海带高汤1/2杯。

小贴士
海苔中含有丰富的铁、碘等，是很好的婴儿副食品。注意生海菜会让宝宝难以消化，所以选用海苔比较好。海苔和吻仔鱼、蛋黄一起烹煮，有助身体吸收钙质和蛋白质，对宝宝成长有益。

婴幼儿食谱做法

糯米红薯粥

1. 把糯米磨碎。
2. 把煮好的红豆磨碎，用筛子过滤。
3. 煮好的栗子和红薯去皮，切成5毫米丁状。
4. 把糯米加水熬煮到一定程度后，放入红豆、栗子和红薯再煮片刻即可。

海苔拌稀饭

1. 烘烤海苔后，切成碎片。
2. 胡萝卜去皮氽烫后剁碎。
3. 吻仔鱼清洗后切碎，水煮蛋黄磨碎。
4. 软饭中加入海带高汤熬煮一下，放入备好的材料一起搅拌，再加入香油即可。

中式汤饭

1. 把煮好的鸡肉撕碎，烫好的虾仁切碎。
2. 豆腐先用冷水泡10分钟，切成1厘米丁状；西蓝花氽烫一下，切成5毫米大小；洋葱去皮剁碎。
3. 鸡肉高汤中加入鸡肉和虾仁煮一下，熟到一定程度后放入软饭、西蓝花、洋葱和豆腐熬煮。
4. 最后加入太白粉水勾薄芡即可。

中式汤饭的材料：
软饭40克，鸡肉、豆腐各15克，虾仁、西蓝花各10克，洋葱5克，太白粉水1小匙，鸡肉高汤1/2杯。

小贴士
鸡肉中含有必需氨基酸，能促进脑部发育。而且鸡肉清淡，煮烂后撕碎喂给宝宝吃，他会很喜欢。海鲜食材适合加入洋葱、葱一起烹煮，可以去除腥味。

什锦稀饭的材料：
软饭50克，茄子20克，西红柿1/2个，土豆泥10克，肉末5克，食用油、蒜末各少许，海带高汤1/2杯。

小贴士
　　帮宝宝做稀饭时，如果宝宝消化功能比较不好，可以多放一点水，把米和食材熬软烂一点，有利于宝宝消化吸收，才不会造成肠胃不适，反而会让宝宝食欲降低。

鲜虾花菜的材料：
花菜40克，虾10克，海带高汤适量。

小贴士
　　这道菜味道鲜美、容易消化，不会造成宝宝身体负担。含有蛋白质、脂肪、糖类及较多的维生素A、B族维生素、维生素C和较丰富的钙、磷、铁等矿物质，可以促进宝宝生长发育，提高免疫力，预防感冒。

婴幼儿食谱做法

什锦稀饭
1. 将茄子洗净切碎；西红柿洗净，去皮切丁；肉末与土豆泥拌匀备用。
2. 锅内倒油烧热，下肉末、土豆泥炒散，加入茄子末、蒜末、西红柿丁炒。
3. 加入软饭和海带高汤，熬煮一下即可。

鲜虾花菜
1. 花菜洗净，放入沸水中煮软后切碎。
2. 虾洗净，去除沙肠，放入沸水中，煮熟后剥壳切碎。
3. 将虾仁、花菜和海带高汤拌匀即可。

Part2 让宝宝在每个阶段都吃得健康

玉米排骨粥的材料：
玉米粒10克，猪排骨20克，米粥1碗。

小贴士
　　排骨可以为宝宝补充优质蛋白质和钙、磷等矿物质，玉米的膳食纤维含量高，可以促进宝宝肠道蠕动。如果怕宝宝不小心吞下骨头，喂食之前可以先把排骨取出，用汤匙把肉的部分刮取下来放进粥里，让宝宝吃肉即可。

三角面皮汤的材料：
小馄饨皮4张，菠菜2棵，牛肉高汤100毫升，盐少许。

小贴士
　　菠菜是黄绿色蔬菜，含有丰富的维生素C、β-胡萝卜素、蛋白质、矿物质、钙、铁等营养。因其含有大量β-胡萝卜素，可使免疫细胞增强，预防宝宝被病菌感染。

婴幼儿食谱做法

玉米排骨粥

1. 玉米粒洗净,剁碎;猪排骨洗净,剁成小块。
2. 锅内加水,大火煮沸,放入碎玉米、猪排骨块,小火熬烂,加入米粥熬煮片刻即可。

三角面皮汤

1. 小馄饨皮对切后再切一刀,成小三角状;菠菜洗净,切细丝。
2. 锅置火上,放入牛肉高汤煮沸后下三角面皮,面皮煮软后放入青菜丝,加少许盐调味即可。

南瓜糯米汤圆

小贴士

适合10个月宝宝吃。糯米汤圆对宝宝来说比较不好消化，加上如果宝宝咀嚼能力还不是很好，可以在烹调时熬煮久一点，让汤圆入口即化，就不会造成肠胃负担，宝宝也会比较爱吃。

材料：
南瓜50克，糯米30克，芹菜末少许，水180毫升。

做法：
1. 南瓜蒸熟后磨碎。
2. 糯米泡30分钟后磨碎，再放入2大匙水揉成汤圆。
3. 小瓷锅中放入1/2杯的水和碎南瓜、糯米汤圆煮熟，最后撒上芹菜末即可。

食材小档案——南瓜

南瓜营养丰富，果肉中含有糖类、维生素、蛋白质、多种矿物质以及人体所需的氨基酸。此外，南瓜还含有丰富β胡萝卜素，身体吸收后可以转换成维生素A，是维生素A的优质来源。

另外南瓜含丰富的维生素E，能帮助各种脑下垂体激素的正常分泌，使宝宝生长发育维持正常的健康状态。

换季是流感发生的高峰时期，帮宝宝增加含有丰富维A、维生素E的食材，可增强身体免疫力，预防生病感冒。

断乳结束期——11~12月

制作断乳结束期副食品的注意事项

一步一步学会走路，开始模仿别人，想要得到别人的关注……宝宝进入断乳结束期，亲自帮宝宝准备新鲜自然、美味丰盛的食物吧！这会让宝宝觉得吃饭的时间是最幸福的，也可以和宝宝更亲密。

成长记录

开始学会走路

从爬行到站立，再到扶着东西走，宝宝一步一步学会走路了。宝宝开始注意别人的眼神，看到父母高兴时就会手舞足蹈，会模仿别人的动作。

开始会区分好与坏

宝宝逐渐开始有自己的想法，而且想得到别人关注。自己会表达喜欢和不喜欢，也开始学习区分好坏。好奇心愈来愈强，活动领域变广，但没有判断危险的能力，这时期容易发生意外事故，像是撞伤、触电、跌倒等，所以父母要随时注意宝宝的一举一动，悉心照顾。

可以分开食用饭、菜、汤

宝宝逐渐可以跟大人吃一样的食物了。最好不要让宝宝只吃某些食物，而是要让宝宝尝试吃各式各样的食物，养成不挑食的习惯，营养摄取才均衡。同时让宝宝养成准时和家人一起吃饭的好习惯，吃饭时和父母进行简单交流，彼此关系更加亲密。

喂食的时间与分量

把500毫升母乳或配方奶分成4份，一天喂4次，分别是上午10点、下午2点、4点和晚上9点左右。

副食品一天喂3次。一次食用量是软饭110~120克（大人用碗约2／5）；汤50~100毫升（1／4~1／2杯)。上午8点、中午12点和晚上6点准时喂宝宝，养成准时吃饭的好习惯。

副食品烹调方式

谷物类 泡过的白米和水比例1：2作成软饭，可试着用不同的米。

水果 切成适当大小喂宝宝吃，香蕉可以切成小块。

蔬菜 热水汆烫后，切成1厘米大小。豆芽和竹笋去掉头部和根部，土豆可以蒸或炸。

肉类 磨成肉末烹煮，或是跟其他材料一起煎，或做成丸子。鸡肉可以煮熟撕碎后当食材。

鲜鱼 去皮与鱼刺，再煮或烤熟喂宝宝吃。

海鲜 海鲜要清理干净，这点很重要。鱿鱼要去皮，虾的泥肠要去掉，牡蛎要用盐水洗净。

豆腐 用于做汤或熬稀饭，也能切成片状煎熟吃。

鱼肉 先把鱼刺剔除，煮熟后再把鱼肉磨碎来喂宝宝。

蛋黄 放在粥里喂宝宝吃。

鲜肉白菜水饺

材料:
小饺子皮6张,肉末30克,小白菜50克,鸡肉高汤适量,葱少许。

做法:
1. 白菜洗净,切碎,与肉末混合搅拌成饺子馅。
2. 取饺子皮放在手心,把饺子馅放在中间,包好成生饺子。
3. 小瓷锅倒入鸡肉高汤,大火煮沸后放入饺子,煮沸后加冷水,同样步骤反覆加水2次后煮沸,再加入葱即可。

小贴士

购买水饺皮时,要注意不要买太厚的,宝宝咀嚼才不会觉得太费力。一次可以包多一点饺子,用不完可放冷冻室保存,要吃的时候直接拿出来煮。冷冻的水饺较不容易煮熟,因此要在煮沸后加冷水,反复2次,能确保水饺熟透。

食材小档案——小白菜

小白菜是维生素和矿物质含量最丰富的蔬菜之一,烹煮时间不宜过长,以免破坏营养分。

多吃小白菜,可以促进身体新陈代谢,对宝宝很有好处。白菜中所含的维生素A,可以促进宝宝发育成长和预防夜盲症;白菜中所含的硒除了有助于预防弱视外,还可以增强宝宝体内白血球细胞的杀菌能力,和抵抗重金属对身体的毒害。

小白菜含有粗纤维,可以增加肠胃蠕动,预防宝宝便秘。其富含B族维生素,有稳定情绪的功效,宝宝躁热时可以多吃。

婴幼儿食谱做法

鱼肉馄饨汤
1. 鱼肉泥加韭菜末做成馅料,包入小馄饨皮中。
2. 小瓷锅内倒入海带高汤,煮沸后放入生馄饨,倒少许酱油再煮一会儿,至馄饨浮在水上时,撒上葱末即可。

菠菜意大利面
1. 将意大利面放入热水中,煮熟后捞出。
2. 菠菜汆烫后切细。
3. 在白色酱汁(在平底锅内放入奶油和面粉炒一会儿后,再放入牛奶拌匀即可。)中放入菠菜拌匀。
4. 将煮熟的意大利面盛在碗里,放入波菜酱汁即可。

鱼肉馄饨汤的材料：
鱼肉泥50克，小馄饨皮6张，韭菜末、葱末各适量，酱油少许、海带高汤170毫升。

小贴士
  鱼肉泥富含蛋白质、不饱和脂肪酸及维生素，宝宝常吃可以促进生长发育。做成馄饨，会让宝宝更容易接受面食，以补充身体内所需要的糖类。

菠菜意大利面的材料：
意大利面30克，菠菜20克，白色酱汁120毫升。

小贴士
  菠菜是黄绿色蔬菜，含有丰富的β胡萝卜素，对宝宝的眼睛有益。其含有大量的铁质和微量的锰，可改善及预防贫血。余烫时注意不能煮太久，否则会让维生素C流失。

婴幼儿食谱做法

鲔鱼丸子汤

1. 鲔鱼切成5毫米大小。
2. 鱿鱼去皮后剁碎。
3. 萝卜和胡萝卜去皮后剁碎。
4. 大碗中放入切好的鱿鱼和鲔鱼肉、蔬菜、黑芝麻、面粉,再加入鸡蛋混合做成丸子。
5. 在小瓷锅中倒入海带高汤煮沸,放入丸子煮熟,最后撒入葱花即可。

肉泥洋葱饼

1. 将肉泥、洋葱末、面粉、盐、葱末,加水后拌成面糊。
2. 油锅烧热,加入食用油,将一大匙面糊倒入锅内,慢慢转动,制成小饼煎熟即可。

鲔鱼丸子汤的材料：

鲔鱼肉40克，萝卜20克，鱿鱼、胡萝卜各10克，黑芝麻、面粉各少许，鸡蛋2小匙，葱花1/2小匙，海带高汤170毫升。

小贴士

　　鲔鱼每个部位的味道和营养都不同，红色的肉含有丰富的蛋白质和铁，适合宝宝多吃；而红黑色的肉含有维生素E、铁、牛黄酸，但肚子上的肉脂肪很多，最好不要让宝宝吃太多。

肉泥洋葱饼的材料：

肉泥20克，面粉50克，洋葱末10克，食用油、盐、葱末各适量。

小贴士

　　洋葱含有膳食纤维、粗纤维、维生素A、维生素C、钾、钙、铁等，烹煮后会释放出甜味，能增进食欲，改善宝宝的消化系统。与肉类海鲜类一起烹煮，可以去除腥味。

婴幼儿食谱做法

鲔鱼蛋卷

1. 鲔鱼蒸熟后切成丝。
2. 菠菜汆烫后切成7毫米的段,胡萝卜去皮切成丁。
3. 加油热锅,放入菠菜和胡萝卜翻炒,再放入鲔鱼继续炒。
4. 加油热锅,倒入蛋液,熟到一半时,加入其他材料在鸡蛋上,卷起来煎熟即可。

清蒸豆腐丸子

1. 豆腐洗净,压成豆腐泥;蛋黄打到碗里搅拌均匀。
2. 豆腐泥加入蛋黄液、葱末、盐拌匀,揉成豆腐丸子,上蒸锅蒸熟即可。

鲔鱼蛋卷的材料：
鸡蛋1颗，鲔鱼肉20克，胡萝卜、菠菜各10克，食用油1大匙。

小贴士
像EPA和DHA不饱和脂肪酸，除了在动物骨头里之外，还有在鲔鱼中也可获得，这些营养素都无法在身体中合成，但对于宝宝的头脑发育是很不可或缺的，所以要确保宝宝能从食材中摄取。

清蒸豆腐丸子的材料：
豆腐50克，蛋黄1个，葱末、盐各少许。

小贴士
多给宝宝吃豆腐，可以保护其肝脏，促进身体代谢，增加免疫力并有解毒作用。但豆腐单独食用，蛋白质吸收率低，如搭配鸡蛋一起烹煮，则会使蛋胺酸得到补充，提高蛋白质的吸收率。

婴幼儿食谱做法

豆皮奶酪饭

1. 把油炸豆皮汆烫后剁碎,奶酪剁碎。
2. 把菠菜烫一下,切成7毫米长度;胡萝卜去皮,切成与菠菜相同大小。
3. 加油热锅放入菠菜和胡萝卜翻炒,再放入碎豆皮翻炒。
4. 把软饭和水放入熬煮,最后放入碎奶酪拌匀即可。

南瓜虾仁炒饭

1. 虾仁迅速汆烫后剁碎。
2. 南瓜和胡萝卜汆烫后剁碎,豌豆煮熟后剁碎。
3. 锅中放入奶油,融化后倒入高汤、软饭、虾仁、蔬菜、豌豆,翻炒即可。

豆皮奶酪饭的材料：
软饭40克，油炸豆皮3片，菠菜20克，胡萝卜10克，原味奶酪1片，食用油1小匙，水3大匙。

小贴士
　　如果孩子不喜欢吃豆腐，可以用油炸豆皮来料理食物，油炸豆皮就是把豆腐油炸过的食品。料理前一定要汆烫一下，可以去除多余的油脂。

南瓜虾仁炒饭的材料：
软饭40克，虾仁5个，南瓜15克，胡萝卜5克，豌豆3个，奶油1小匙，海带高汤3大匙。

小贴士
　　南瓜除了含有钙质，还有食物纤维和铁、磷等矿物质，其富含的维生素C可增强宝宝对感冒的抵抗力。

玉米虾仁汤的材料：
虾仁5个，玉米粒10颗，绿西蓝花10克，切碎的西红柿1大匙，太白粉水1小匙，食用油1/2小匙，高汤1/2杯。

小贴士
玉米粒含有的脂肪中，大部分是对身体有益的不饱和脂肪酸，而且含有丰富的维生素E，能让宝宝皮肤变得有光泽，能预防皮肤干燥、搔痒。

蘑菇豆花汤的材料：
蘑菇30克，豆花50克，黑木耳10克，橄榄油、姜末、盐各少许，高汤100毫升。

小贴士
豆花营养丰富，含有人体需要的多种氨基酸；蘑菇的蛋白质含量在30%以上，比一般蔬菜、水果的含量要高，而且这些营养物质容易被宝宝吸收。除此之外，蘑菇可以开胃，如果宝宝较瘦弱，那多喝此汤是再合适不过了。

婴幼儿食谱做法

玉米虾仁汤

1. 虾仁清洗干净后剁碎。
2. 玉米粒和绿西蓝花汆烫后剁碎。
3. 加油热锅，放入虾肉、玉米粒、绿西蓝花稍炒，最后放入高汤和碎西红柿继续煮。
4. 煮到一定程度后，放入太白粉水用小火勾薄芡即可。

蘑菇豆花汤

1. 蘑菇切成小块，用热水烫过；黑木耳洗净，切碎。
2. 锅内放橄榄油，烧热后放入姜末翻炒，接着下蘑菇块、碎木耳，略翻炒加高汤煮沸后加入豆花，焖煮3分钟后加一点点盐调味即可。

哈密瓜牛奶饼

1. 哈密瓜去皮去籽后，切成1厘米大小。
2. 吐司切成1厘米大小；菠菜取用叶子，汆烫后切细。
3. 将鸡蛋打散，加入配方奶粉拌匀。
4. 在蛋液中倒入哈密瓜、吐司和菠菜搅拌均匀，放入锅中蒸熟即可。

哈密瓜牛奶饼的材料：
吐司1/2片，哈密瓜30克，菠菜10克，鸡蛋1颗，配方奶粉3大匙。

小贴士
这道副食品口感柔嫩，味道香甜清爽，适合在夏天的时候喂宝宝吃。宝宝满周岁之前，可能会对鲜奶过敏，满周岁后配方奶就可以用鲜奶代替。

Part2 让宝宝在每个阶段都吃得健康

土豆疙瘩汤

材料：
米线15克，面粉10克，土豆20克，南瓜5克，鸡蛋1颗，葱花1/2小匙，香油、盐各少许，海带高汤170毫升。

做法：
1. 鸡蛋打散后放入米线、面粉、香油和盐，和成面团。
2. 土豆去皮后切成2厘米丝状，南瓜亦同。
3. 加油热锅，放入土豆和南瓜翻炒。
4. 在小瓷锅中倒入海带高汤煮沸，把面团分成小块放进去煮熟。
5. 面疙瘩熟后，加入炒好的蔬菜稍煮一下，最后撒上葱花即可。

小贴士

土豆有降低温度的功效，可以让胃等器官的温度降下来，这样会预防宝宝干渴，易排尿。在宝宝感冒发烧的时候，喂此汤品可以降低体温、补充身体能量。

食材小档案——土豆

土豆约20%的成分为淀粉，含有丰富的维生素C与钾，在欧洲被称为"大地的苹果"。除了维生素C和钾之外，土豆还含有蛋白质、糖类、维生素B_1、钙、铁、锌、镁等营养素。

土豆中的纤维素较细嫩，不会刺激胃肠的黏膜，能舒缓胃酸过度分泌，宝宝肠胃不舒服时也可以吃。

土豆本来就含有毒性物质"龙葵素"，因含量极少，适量食用并不会引发中毒现象；但已发芽或不新鲜的土豆，龙葵素含量会高出4~5倍，所以不适合食用。

玉米奶酪饭的材料：

软饭40克，玉米粒15克，豌豆5粒，青江菜20克，奶酪1/2片，奶油1小匙，水3大匙。

小贴士

玉米中缺少蛋白质，所以与奶酪一起料理，可互相补充营养，使宝宝营养摄取均衡。购买玉米时，可以挑选嫩玉米，玉米外壳会比较好消化，不会造成宝宝肠胃负担。

南瓜坚果饼的材料：

软饭40克，南瓜30克，磨碎的黑芝麻、核桃各1大匙，磨碎的杏仁、奶油各1/2小匙，面粉2大匙，鸡蛋1/3个，食用油1大匙，水3大匙。

小贴士

南瓜含有丰富的糖类和维生素、矿物质等，特别是胡萝卜素，在油中炒一会儿可以增加营养吸收率。坚果类食物含有人体无法合成的必需氨基酸，对宝宝很好。

婴幼儿食谱做法

玉米奶酪饭
1. 玉米粒、豌豆汆烫后剁碎。
2. 青江菜洗净汆烫后剁碎,奶酪切碎。
3. 加奶油热锅,放入玉米和豌豆炒一会儿,再放入青江菜继续炒。
4. 放入软饭和水煮沸,最后加入碎奶酪即可。

南瓜坚果饼
1. 南瓜蒸熟后切成1厘米大小,再与奶油一起入锅炒香。
2. 鸡蛋放入碗内打散备用。
3. 软饭和炒好的甜南瓜、黑芝麻、核桃粉、杏仁粉混合成面团。
4. 将面团外层先裹上蛋液,再裹上面粉入锅煎熟即可。

茄子菠菜拌饭的材料：
软饭50克，茄子、菠菜各20克，豆芽10克，海苔1/2张，香油、盐各少许。

小贴士

蔬菜含有丰富的维生素C，但在烹煮的过程中容易流失，因此无论是用水煮或炒的方式料理蔬菜，烹煮时间都要尽量缩短；另外，蔬菜最好不要用油炸的方式料理。

土豆吻仔鱼芝麻汤的材料：
土豆20克，吻仔鱼10只，金针菇10克，洋葱5克，鸡蛋1枚，芝麻粉2小匙，海带高汤170毫升。

小贴士

芝麻中含有必需氨基酸和不饱和脂肪酸，在汤或拌菜中放入芝麻粉除了具有营养价值，还有调味作用，让副食品的味道更香。

婴幼儿食谱做法

茄子菠菜拌饭

1. 茄子和菠菜各自汆烫后切成1厘米大小,再用盐和香油搅拌。
2. 豆芽去除头部和根部,切成1厘米大小;海苔烘烤后弄碎。
3. 软饭中放入备好的蔬菜拌匀,最后撒上海苔即可。

土豆吻仔鱼芝麻汤

1. 土豆和洋葱去皮切成1厘米大小,金针菇去掉根部切成1厘米大小。
2. 小瓷锅放入海带高汤,加入土豆、洋葱和吻仔鱼熬煮片刻后,再加入金针菇煮熟。
3. 加入打散的鸡蛋,最后撒上芝麻粉即可。

鱼肉拌茄泥

1. 茄子洗净,放入沸水锅中蒸至熟烂,切碎后压成茄泥。
2. 鱼肉蒸熟后切小粒。
3. 将茄泥与鱼肉混合,加入一点点盐和香油拌匀即可。

鱼肉拌茄泥的材料:
茄子1/2个,鱼肉30克,盐、香油各少许。

小贴士

　　鱼肉营养丰富,含有蛋白质、微量元素等,能促进宝宝脑部发育;茄子含有胡萝卜素、维生素B_2、维生素P、膳食纤维、铁、钙、磷等,可以清热解毒、活血化淤、利尿消肿。

南瓜小鱼干味噌汤的材料：
南瓜、豆腐各30克，小鱼干10克，葱花、味噌各1/2小匙，海带高汤1又1/2杯。

小贴士
小鱼干含有丰富的蛋白质、钙和矿物质，能强化宝宝的骨骼与牙齿，与味噌一起煮成汤喝，味道鲜美。南瓜和豆腐烹煮时会吸收汤汁，香甜可口。

豆腐蔬菜汉堡的材料：
汉堡包1个，豆腐60克，牛肉30克，胡萝卜、洋葱各20克，西红柿片10克，甜椒适量，食用油1大匙。

小贴士
使用传统豆腐制作圆饼较好，因为嫩豆腐含较多水分，与其他食材混合后不容易成圆饼状。传统豆腐磨碎前，要先吸干表面水分，这样制作圆饼会比较容易。

婴幼儿食谱做法

南瓜小鱼干味噌汤

1.南瓜清洗后切成1厘米大小。
2.豆腐切成7毫米大小。
3.锅中放入海带高汤,再倒入味噌煮一会儿,然后放入南瓜和小鱼干继续煮。
4.煮到南瓜软烂后,放进豆腐和葱花煮沸即可。

豆腐蔬菜汉堡

1.豆腐磨碎,牛肉剁碎。
2.胡萝卜和洋葱去皮后剁碎,甜椒去籽剁碎,西红柿切片。
3.把碎豆腐和牛肉、胡萝卜、甜椒、洋葱混合搅拌,压成5毫米厚度的圆饼。
4.加油热锅,放入圆饼煎熟。
5.汉堡切开,中间夹入煎好的圆饼以及西红柿片。

红薯栗子饭的材料：
软饭40克，红薯15克，胡萝卜10克，栗子1个，黑芝麻1/2小匙，香油、盐各少许，水3大匙。

小贴士
　　红薯和栗子都含有天然甜味，而且含有丰富的维生素，宝宝不喜欢吃饭时，可以在米饭中加入一些红薯和栗子，这样可增加宝宝的食欲。

金针菇味噌汤的材料：
土豆20克，金针菇20克，吻仔鱼10只，白菜心15克，葱花、味噌各1/2小匙，小鱼干汤170毫升。

小贴士
　　金针菇可以活跃肌肉纤维，其含有的营养素有助于器官的运作，体温高或低的宝宝都非常适合吃。金针菇含有丰富的赖氨酸和精氨酸，有促进儿童智力发育的功效。

婴幼儿食谱做法

红薯栗子饭

1. 红薯和胡萝卜去皮,切成丝状。
2. 煮熟的栗子切成7毫米大小的丁。
3. 在平底锅中倒入少许香油,放入红薯、胡萝卜、栗子炒一下,熟后加入软饭和水。
4. 最后撒上黑芝麻以及盐拌匀即可。

金针菇味噌汤

1. 土豆清洗后,切成半月型;吻仔鱼清洗后备用。
2. 白菜心切成1厘米大小,金针菇去除根部切成1厘米大小。
3. 在小瓷锅中倒入小鱼干汤煮沸,再放入味噌拌匀。
4. 放进吻仔鱼和土豆煮软后,加入其他蔬菜稍煮一下,最后撒点葱花即可。

虾仁海带汤的材料：
虾仁5个，浸泡过的海带10克，洋葱30克，香油少许，高汤170毫升。

小贴士
　　虾仁里含有丰富的钙、铁、维生素C，但是过敏性体质的宝宝可能不适宜食用，喂的时后要观察宝宝是否身体不适。购买海鲜类食材，一定要特别注意是否新鲜。

土豆浓汤的材料：
土豆20克，洋葱10克，胡萝卜、绿西蓝花各5克，原味奶酪1/4片，奶油1/2小匙，白色酱汁（参照150页)2大匙，鸡肉高汤1/2杯。

小贴士
　　煮汤时一般加入白色酱汁，它是以奶油和面粉炒一会儿后，再放入牛奶制成的。要注意的是，炒面粉时速度要快，避免面粉烧焦。

婴幼儿食谱做法

虾仁海带汤

1. 海带用水浸泡30分钟，去掉咸味，清洗干净后切成1厘米大小。
2. 虾仁和洋葱清洗后剁碎。
3. 在平底锅放入少许香油，把海带、虾仁、洋葱先炒一下，再加入高汤煮沸。

土豆浓汤

1. 土豆、洋葱、胡萝卜去皮后剁碎，绿西蓝花氽烫后剁碎，奶酪切碎。
2. 加奶油热锅先炒洋葱，再放入土豆和胡萝卜炒一下，然后倒入鸡肉高汤，熬煮至食材软烂。
3. 放入白色酱汁，绿西蓝花稍煮一下，最后放入碎奶酪片融化即可。

洋菇蒸牛肉

1. 牛肉和洋葱汁拌匀，洋菇和洋葱剁碎。洋葱用食用油炒一下。
2. 将牛肉、炒好的洋葱、洋菇、鸡蛋混合揉成圆扁型，外面裹上面包粉，再放入锅内蒸熟。
3. 接下来制作酱汁，先将洋葱、胡萝卜炒香，再加入西红柿和苹果炒一下起锅。加入白色酱汁，沙拉和奶酪拌匀。
4. 将酱汁淋在蒸熟的牛肉饼上即可。

洋菇蒸牛肉的材料：
牛肉30克，洋菇、洋葱各20克，鸡蛋1／2个，面包粉少许，洋葱汁、食用油各1小匙。

酱汁材料
苹果、西红柿、洋葱各20克，胡萝卜、沙拉酱各10克，原味奶酪1片，白色酱汁2大匙。

小贴士
　　洋菇里富含维生素D，有助于身体吸收钙和磷；还含有维生素B_2，能帮助脂肪和碳水化合物转换成身体可以利用的能量。

土鸡高汤面

材料：
土鸡肉30克，面条20克，金针菇10克，菠菜5克，葱花1/2小匙，鸡肉高汤170毫升。

做法：
1. 鸡肉煮熟后撕成丝状，面条氽烫熟后切成吃起来方便的长度。
2. 金针菇去除根部切成7毫米大小，菠菜氽烫后切成1厘米大小。
3. 在小瓷锅里倒入鸡高汤煮沸，再放入土鸡肉和金针菇、菠菜煮熟。
4. 最后放进烫过的面条和葱花，煮沸即可。

小贴士

夏天宝宝比较容易疲累，可以吃一些土鸡补充体力。筋道的面条、营养丰富的菠菜和金针菇一起烹煮，宝宝吃了会活力充沛，精神饱满。

食材小档案——鸡肉

鸡肉是"高蛋白、低脂肪"的食材，且所含的脂肪多为不饱和脂肪酸，是宝宝理想的蛋白质来源食品。除此之外还含有糖类、维生素A、B族维生素、钙、铁、磷等营养素。

鸡肉能补充体力、强壮身体，体质虚弱或病后的宝宝可以多吃。新鲜的鸡肉肉质结实有弹性，粉嫩且有光泽。

断乳中期前，宝宝吃鸡胸肉比较好，将鸡肉做成泥状喂宝宝吃；断乳后期以后，可以让宝宝吃鸡腿肉，将鸡肉切细丝或切小丁喂宝宝吃。

婴幼儿食谱做法

三色饭团

1.把清洗好的菠菜和胡萝卜氽烫一下,沥干水分后剁碎。
2.鸡蛋煮熟后,取出蛋黄磨碎。
3.软饭凉了后,加入香油和盐拌匀。
4.把拌好的软饭分成三等份,和成小饭团,分别在菠菜和胡萝卜碎末,煮鸡蛋的蛋黄粉末中滚几下,直到外层均匀裹上即可。

鳕鱼土豆汤

1.鳕鱼去除鱼刺,绞成肉末。
2.土豆和胡萝卜去皮,切成1厘米块状。
3.豌豆用水中煮一下,分成两瓣。
4.在小瓷锅放入海带高汤,把备好的材料一一放进,熬煮一段时间即可。

三色饭团的材料：
软饭40克，菠菜、胡萝卜各10克，水煮蛋黄1/2个，香油、盐各少许。

小贴士
菠菜含有丰富的胡萝卜素、铁、维生素C，而且容易消化，是首选的副食品。胡萝卜愈新鲜，味道愈鲜甜，所以购买时最好选择颜色深红、外表没有裂开或虫蛀的较好。

鳕鱼土豆汤的材料：
鳕鱼肉、土豆各30克，胡萝卜10克，豌豆5粒，海带高汤3/4杯。

小贴士
鳕鱼味道清淡，适合宝宝食用。和土豆、胡萝卜一起炖煮，能补充冬天易缺乏的维生素。鳕鱼是深海鱼类，富含DHA，有助于宝宝智能发育。

莲藕丸子的材料：
莲藕7厘米，虾粉2大匙，太白粉水1大匙，海带高汤1杯。

小贴士
　　莲藕中含有丰富膳食纤维，有利于宝宝排出肠内不好的物质，还有利于改善便秘。

海带蔬菜饭的材料：
软饭50克，萝卜20克，胡萝卜10克，海带、红椒各5克，太白粉水1/2小匙，香油、盐各少许，食用油1小匙，高汤3大匙。

小贴士
　　海带中含有丰富的钙和铁。其中的钙容易被人体消化吸收。而且其含有丰富的维生素C和甲状腺所需的碘。海带表面的白色粉末叫"甘露糖醇"，是能引起宝宝食欲的成分，不要为了讲究卫生用水清洗海带，用干净的湿布轻轻擦一下就好。

鸡蛋奶酪三明治的材料：
吐司1片，洋葱、胡萝卜各5克，鸡蛋1/2个，配方奶粉2大匙，原味奶酪1/2片，食用油2小匙，奶油1小匙。

小贴士
　　奶酪中的钙和蛋白质结合在一起，宝宝会很容易吸收，而且奶酪中含有的活性乳酸菌和酶，有利于宝宝健康成长。

婴幼儿食谱做法

莲藕丸子
1. 莲藕浸泡在食用醋中5分钟,再用冷水清洗去掉涩味,磨成糊状。
2. 莲藕糊加入虾粉和太白粉水,搅拌到有黏性为止,再揉成一口大小的小丸子。
3. 在小瓷锅里加入海带高汤煮沸后,放入莲藕丸子煮熟即可。

海带蔬菜饭
1. 取出在水中泡过的海带,并切碎。
2. 萝卜和胡萝卜去皮剁碎,红椒去籽后剁碎。
3. 煎锅中放入少量食用油,将海带和蔬菜分开炒。
4. 把炒过的海带、蔬菜放入小瓷锅中加入高汤稍煮一下,再加入太白粉水勾芡。
5. 加入软饭稍煮一下,再加少许香油和盐即可。

鸡蛋奶酪三明治
1. 胡萝卜和洋葱去皮后氽烫,再剁碎。
2. 鸡蛋打散后,加入洋葱、胡萝卜和配方奶粉拌匀。
3. 煎锅里放入少许食用油,把拌好的鸡蛋糊煎成厚饼状。
4. 吐司对切,煎锅中放入奶油,等奶油化开后放入吐司煎一下。
5. 在一片吐司上放鸡蛋饼和奶酪后,盖上另一片吐司即可。

婴幼儿食谱做法

鸡肉花生汤饭

1.鸡胸肉切成1厘米小块,青江菜氽烫过后切成同鸡肉大小。
2.秀珍菇、洋菇也切成1厘米大小。
3.煎锅里放入奶油,先炒一下鸡肉,再加入蘑菇和青江菜稍微炒一下。
4.加入软饭和高汤煮沸后,再放入碎花生即可。

香蕉蛋糕

1.香蕉磨成泥后,加入磨碎的蛋黄和配方奶粉混合,再用过滤网过滤一下;海绵蛋糕剁碎。
2.将所有食材混合拌匀。
3.在凹型模具里倒入拌好的食材(八分满),放入烤箱烤熟即可。

鸡肉花生汤饭的材料:
软饭40克,鸡胸肉、青江菜各15克,秀珍菇、洋菇各10克,剁碎的花生1大匙,奶油1小匙,鸡肉高汤3大匙。

小贴士
花生等坚果类食物是富含不饱和脂肪酸的食品,但要注意它与其他食品比较起来,水分少、能量高,不能大量摄取,否则对宝宝的健康不利。

香蕉蛋糕的材料:
香蕉40克,海绵蛋糕30克,蛋黄1个,配方奶粉1大匙。

小贴士
香蕉蛋糕味道香甜,口感滑嫩,宝宝一定会爱吃。香蕉泥可以用苹果泥、梨子泥、猕猴桃泥等其他水果取代。如果没有海绵蛋糕,可以用吐司取代。

Part 3
断乳副食品Q&A

刚开始制作副食品、喂宝宝吃副食品的新手父母,一定会感觉到担心与害怕。此篇内容依据每个断乳时期的阶段,提出父母最容易遇到的问题,并一一详细解答,解除父母心里的不安,享受照顾宝宝的喜悦。

新手父母最担心的事……

断乳准备期副食品 Q&A

宝宝刚开始接触母乳（配方奶）之外的味道，先从少量喂食开始，观察宝宝的反应情况调整分量。这个时期的副食品不需要调味，让宝宝享受食材天然的味道，也比较不会造成肠胃负担。

Q 有的医生说果汁最好6个月以前不要给宝宝吃，因为习惯甜味后，宝宝可能就不愿吃稀粥了，那一开始应该让宝宝先吃什么副食品比较好呢？

A 刚开始先从不易导致过敏的白米煮成的米汤喂宝宝吃最好，至少喝一个星期左右，再添加其他蔬菜或水果。虽然6个月以前的宝宝可以喝果汁，但还是放进稀粥里煮过后，从少量开始适应比较好。刚吃副食品，宝宝会很不适应，不要在孩子生病的时候开始，要在他开心且身体状况好的时候开始；比起橘子汁，橘子稀粥更理想。

Q 宝宝出生超过100天了，母乳（配方奶）喝很多，但喂果汁时却吐出来了，有可能是宝宝讨厌果汁吗？

A 宝宝刚开始喝果汁，有排斥现象是正常的，不要勉强宝宝一定要喝，可以1～2天后再试试看。有时候宝宝会因为心情好，或注意力被其他事物吸引的情况下，不知不觉把果汁喝完了，大多数宝宝是非常喜欢果汁的。刚开始喂宝宝果汁时，要考虑到水果的酸味或甜味，一定要加冷开水稀释，宝宝会比较容易接受。一般来说，6个月之前最好稀释4～6倍后再给宝宝喝。

Q 宝宝喝果汁之后，当天排出绿色的粪便，没有表现出不舒服的情况，活动力也和平常一样，是否不必担心呢？

A 宝宝刚开始吃没有吃过的东西时，暂时会排出绿色（或黑色）的粪便，这是生理上的正常现象，如果宝宝没有其他异状，就不用过度担心，习惯了之后，自然会回复到之前的状况。

如果粪便变软、变稀时，就要观察是否是某种果汁导致；情况严重时，可以先减少果汁的分量，让身体慢慢习惯。

Q 宝宝4个多月了，4个半小时喝180毫升母乳。副食品和母乳应该怎么安排时间喂？分量怎么分配？

A 通常这么大的宝宝一天喝600～700毫升就可以了，吃完副食品后喝母乳（配方奶）。如果宝宝副食品吃得比较多，母乳就稍后再喂；如果孩子只吃了几口，就要马上喂母乳了，父母要观察孩子的情况再决定。

有时宝宝会在吃饱的情况下继续吃，反而会太撑，导致把食物吐出来，所以父母要根据宝宝一天的食量适当的调配分量。

Q 市面上现成的副食品种类多，宝宝一旦习惯市面上的东西就不愿吃父母做的了，是这样吗？如果没办法天天烹煮，可以做好之后放在冰箱里保存吗？

A 市面上现成的副食品，甜味、咸味可能会太重，宝宝会养成吃重口味的习惯。所以就算麻烦也要亲手做给宝宝吃，让宝宝品尝食物的原味。冷藏是一个好办法，烹煮好了先放凉，然后分好一次分量再放入冰箱，宝宝吃剩的不要留着下次喂，最好扔掉；副食品冷藏不要超过一个星期，一定要用密封的容器装才卫生。

新手父母
最担心的事……

断乳初期副食品 Q&A

制作此时期的副食品,以宝宝能吞咽的柔软度为主,发现不易吞咽的时候,可以视宝宝的接受程度加水稀释,避免造成宝宝排斥断乳食物的情形。宝宝营养来源是母乳,副食品吃得少没关系。

Q 在稀粥里加蔬菜或水果,要煮多久呢?如果煮太久了,是不是蔬菜和水果里的营养就流失了?

A 先把米熬成稀粥后,再放蔬菜和水果煮一下就可以了。烹煮的时间愈长,营养流失愈多,因此只要把食材煮熟就可以关火。刚开始时先放一种蔬菜或水果,过了5个月后可以放2种。蔬菜用热水汆烫的话,矿物质会流失在水中,因此初期或中期可以用汆烫蔬菜后的水煮稀粥。蔬菜和水果要洗干净后再去皮或切丁,这样才不会让营养流失。

Q 6个月开始喂副食品是不是太晚了呢?虽然4~5个月大时开始喂果汁,但没有规律地给孩子吃副食品,晚上吃也可以吗?

A 宝宝在周岁前可以感觉到食物天然的甜味和咸味,因此副食品以新鲜的食材烹煮即可,不太需要加调味料。6个月开始喂副食品也是可以的,可以先让宝宝吃断乳准备期的稀粥(添加1种蔬菜或水果),经过3周左右,再开始吃断乳初期的副食品。断乳初期不建议晚上吃副食品,最好在上午10点喂奶前吃副食品。

Q 买了市面上的粉状副食品调成糊状喂宝宝吃总是吐出来，不知道是不是喂得太快，还是副食品不适合他，只给孩子吃稀粥营养会不会不够?

A 宝宝吐的原因可能是不适应市面上卖的东西，断乳初期宝宝对食材的适应力和免疫力很低，所以有时会过敏。食材中过敏概率最低的就是白米，最好用稀粥开始，刚开始宝宝会不愿意吃，但还是要慢慢让他适应。断乳初期副食品，一般是为了练习用汤匙做吞咽下去的训练，不是给宝宝提供营养或为了吃饱设计的，所以宝宝能吃多少就让他吃多少，不要勉强。

Q 宝宝感冒时，医生建议先暂停吃断乳食品，但停了3天左右，宝宝好像因为肚子饿，哭着想吃东西的样子，这样可以喂宝宝吃副食品吗?

A 父母就在宝宝的身边照顾，如果观察到宝宝的状况恢复得很好，就可以喂食。但是因为已经暂停一段时间没吃副食品了，加上消化系统会因感冒而变弱，所以食物要煮软一些，分量要减少一点，且要选择容易消化的食材，宝宝吃了之后会增加体力，精神也会变好。

Q 为了让宝宝习惯用汤匙吃东西，用汤匙将米粥放进他的嘴巴里，马上就吐出来了，该怎么办呢?

A 宝宝无法喝下去可能有很多原因。也许是副食品太硬、太稠了，烹调时可以多加点水煮；也许是副食品太烫了，喂食前要把食物降温到与人的肌肤相同的温度；可能是汤匙太大了，或是金属材质的汤匙让宝宝觉得不舒服，可以换小一点、塑胶材质的试试看；也可能是食材的味道对宝宝来说太重了，这时就可以挑味道清淡的食材，像是包菜、土豆、黄瓜等，让宝宝慢慢适应。

新手父母
最担心的事……

断乳中期副食品 Q&A

这个时期要让宝宝多吃青菜、鱼、肉等多样化的食材，习惯这些食物的味道，养成宝宝不偏食的习惯。制作副食品的烹调方式与食材组合多做一些变化，能促进宝宝的食欲。

Q 宝宝便秘很严重，一般一两天拉一次大便，大便很干硬，弄得宝宝很不舒服，很担心会成为习惯，吃什么副食品可以舒缓便秘呢？

A 便秘可能是因为宝宝吃得少造成的。可以给孩子吃断乳中期的米粥，一天两次，煮粥时最好放进2~3种蔬菜，增加纤维素含量。婴儿果汁是一种不含果肉的甜饮料，给宝宝喝婴儿果汁是不能改善便秘的，喝多了反而肚子会胀气，吃不下别的副食品，便秘也就会愈来愈严重。便秘持续下去会影响肠蠕动，身体不能好好吸收营养，会给宝宝的生长带来不好的影响。宝宝大便很痛苦时，可以用棉花棒沾点凡士林涂在肛门周围。

Q 宝宝8个月大了，一天吃两次副食品，副食品里一般含胡萝卜，但是胡萝卜吃多了，会完整拉出来，是不是应该磨碎再吃呢？如果牙长出来了，还要磨碎吗？

A 父母们往往对孩子大便很敏感，胡萝卜、菠菜这些跟大便一起拉出来很正常。这时候宝宝的消化能力还不成熟，而且身体还没有消化纤维的功能，没办法完全消化所以会拉出来。只要宝宝吃得好、没有异常，就可以放心。

Q 因为宝宝有过敏性皮肤,所以还没让他开始吃鸡蛋、肉类,只给他吃蔬菜粥。刚开始孩子很喜欢,但最近不知道为何不爱吃了,是不是同样的粥吃腻了?

A 断乳中期要帮宝宝补充蛋白质,即便是有过敏性皮肤,但是宝宝不一定对鸡蛋、肉类过敏,不要一开始就界定这个不能吃、那个不能吃,要看情况找出对哪些食材过敏,才不会导致宝宝摄取太少蛋白质,影响成长状况。如果宝宝吃东西的分量突然减少了,也要注意看看是不是哪里不舒服,身体不舒服吃不下东西是很正常的,不一定是食材吃腻了的关系。

Q 宝宝现在8个月大了,刚开始很爱吃副食品,但不知从什么时候开始,吃副食品时会咽不下去,而是含在嘴里一会儿就吐出来。这时该怎么做呢?

A 宝宝咽不下食物却含在嘴里,可能因为他不习惯咀嚼,需要适应和练习的时间,所以观察一周到半个月吧!如果还是吐出来,一定要告诉他这样不好。宝宝含在嘴里不咽下去,父母可以在旁边做咀嚼的样子,装出很好吃的样子给宝宝看,等他开始咀嚼的时候,用言语鼓励"好棒喔!",这时候喂食速度不要太快,等宝宝仔细咀嚼吞下后再给下一口。

Q 宝宝喝母乳和吃断乳食品的分量和同年龄的孩子差不多,但好像都长不胖,是不是因为消化能力差呢?

A 这个时期应该要注意宝宝是否有摄取到均衡的营养,每个宝宝成长方式不见得相同,所以和别家同年龄的小孩比较瘦,不需要特别担心。虽然现在的个子比较小,也许在某个时间会突然长高长大的孩子也是有,只要宝宝顺利、健康成长,没有发生偏食的情况就好。

新手父母
最担心的事……

断乳后期副食品 Q&A

宝宝长出一些乳齿了,可以练习咀嚼柔软的食物,像是剁成小块的猪肉、剥细丝的鸡肉、剁碎的蔬菜等,都可以喂宝宝吃。制作副食品也可以做一些简单的调味,加入少量的盐、酱油或香油等。

Q 宝宝几乎每次都能吃完副食品,但每次要吃1~2个小时,且无法坐在同一个地方好好地吃完,怎样才能让宝宝专心吃饭呢?

A 这个时期应该要养成孩子良好的吃饭习惯,最好在30~60分钟内吃完,超过时间就把食物收起来,早上没吃饱,中午就会多吃一点。如果宝宝没有把副食品吃完,两餐中间不要让宝宝吃零食,避免营养摄取不足。这个时期孩子会想要自己拿汤匙吃饭,虽然可能会把餐桌弄脏,但还是要放手让他自己吃,孩子周岁之后一般就要断乳了,从这个时期开始要让宝宝养成定时吃饭的习惯。

Q 书上说宝宝不能吃太咸的东西,可以给孩子喝大人的汤吗?比如萝卜汤、味噌汤之类,加点水稀释可以吗?

A 现在还不能直接给孩子吃大人的东西,不能因为他喜欢吃就给他吃。孩子在这个时期肾脏还未发育成熟,还不能代谢咸的东西,尤其是辣的和咸的,给孩子喝大人的汤,对孩子来说都太咸了,一定要加水稀释;或是在煮汤时,把要给孩子喝的汤先盛出来,剩下的汤才加盐调味。

Q 孩子9个月大了,因为发育晚一点,只长了下面两颗牙,所以觉得让他吃断乳后期副食品,孩子可能不适应,该怎么办?

A 9个月大的孩子一般不是用牙咀嚼食物,而是用牙龈跟舌头,这样能刺激牙龈使牙长出来,就算只有两颗牙,如果现在中期副食品吃得很好的话,吃后期副食品应该没问题。刚开始给孩子吃后期副食品时,可以加水或是用汤匙磨碎,调节一下食物的颗粒大小和浓度,孩子才能慢慢适应。孩子适应之后,一天可以喂三次副食品。

Q 孩子8个多月大了,不爱喝奶也不爱吃副食品,一餐最多能吃1～2大匙副食品,母乳一次也只喝100毫升左右,所以2～3个小时就要再喂一次,这样该怎么办?

A 孩子现在的奶量不是很少,可以开始减少分量。这时期孩子要增加一次吃的量。首先,先试一下减少奶量,即使副食品吃得少,过一段时间后等他习惯后,副食品的量就会增加了。这时期最重要的事,是培养孩子正确的饮食习惯,具体来说有如下几点:

1.不能因为孩子一餐吃得少,就分好几次喂,这样孩子不能养成定时吃饭的习惯,而且吃饭时间也不会专心吃东西。断乳后期一天只要吃3次副食品和3～4次母乳就可以了,可以让孩子练习用杯子喝奶。

2.妈妈因为孩子副食品吃得少就多给母乳(配方奶),他以后就会认为"吃少了也有奶喝",这样反而更不爱吃,所以就算少吃也不要再给孩子喝奶了。现在最重要的是增加副食品的分量,可以试着用孩子喜欢吃的材料来料理副食品,增加孩子的食欲。

3.断乳后期要喂孩子吃有饱足感的副食品,例如饭或面条,也要增加鱼、肉的分量,肠胃消化食物的时间拉长,孩子就不会一下子就觉得饿了,让孩子养成和大人一样的习惯——一天吃三餐。

断乳结束期副食品 Q&A

宝宝在断乳结束期乳齿还没有长齐,所以还不能吃和成人一样的食物。料理食物还是要以切碎或细丝为主,方便宝宝咀嚼。调味还是要以清淡为主,才不会造成肾脏负担。

Q 孩子的食欲很好,三餐食量正常,但是在正餐中间还是会吵着要吃东西,这样可以给孩子吃点心吗?吃什么东西比较好呢?

A 孩子如果三餐食量正常,食欲还是很好的话,给他吃一些点心没关系。但是要注意,如果在饭前给他吃甜食的话,可能会影响正餐的食量,所以尽量让孩子吃新鲜水果,或是专门给孩子吃的饼干(甜味、咸味会比大人吃的低)。

Q 孩子会咀嚼饼干、草莓等,就是不咀嚼副食品直接吞下去。给他吃结束期的副食品可以吗?还有孩子特别喜欢吃海苔,不爱吃饭时烤一些海苔给他吃,这样可以吗?

A 孩子能嚼饼干或草莓,就充分说明他有咀嚼能力。建议多给孩子吃软饭,让他多练习,孩子在吃饭时,妈妈在旁边作出咀嚼的样子,孩子如果咀嚼了就鼓励他,这样多练习几次。另外,最好从小开始让他吃多种类的食材,不能因为孩子喜欢吃某样菜,就常煮给他吃,这样会养成孩子挑食的习惯。而且一样东西不能喂太多,像海苔每次要少量,直到没有海苔孩子也能吃饭。

Q 孩子快满周岁了,在外面的餐厅看到同年龄的孩子和父母一起吃饭,是不是可以让孩子在外面用餐呢?

A 在断乳结束期时,不是常常让孩子外食倒是没关系,这样也能让孩子适应在不同的环境下,愉快进食。但是外面餐厅的食物,就算有儿童餐,味道对孩子来说还是太重了,所以尽量准备温开水,稍微稀释咸味后再让孩子吃比较好。

Q 孩子10个多月大了,体重是9.7千克,一餐能吃160~170克副食品,但孩子吃完还是喊饿,所以又会给孩子喝150~200毫升牛奶,孩子是不是吃太多了?

A 孩子吃太多反而担心了吧?孩子生长的指标主要是看体重,体重9.7千克看来没有什么异常。这时期一餐副食品就是一顿饭,所以给他吃副食品后就不要再喂奶了。奶粉一天喝500毫升就可以了,最好是分多次,在吃副食品前让孩子喝,一步步慢慢不再给他喝。一餐吃160~170克副食品很适当,可以试着让孩子吃稍微坚硬、消化时间较久的食物,这样比较有饱足感,孩子就比较不会喊饿了。

Q 因为是上班族,所以每次的副食品都是准备多一点冷冻在冰箱里,没办法每餐让孩子吃不同的食材,这样会不会对孩子成长造成不好的影响呢?

A 孩子吃的东西都差不多,主要的主食是谷类,在里面加点鱼、肉和蔬菜。这时期孩子要接触多种食材,同时也吸取营养,还能锻练咀嚼能力。没时间可以先把材料准备好放在密封容器里,要烹调时拿出来就可以了。副食品放冷冻层可以保存3~7天,但是一旦解冻后就要吃完,隔餐的食物容易滋生细菌,可能会让孩子肠胃不舒服。

图书在版编目（CIP）数据

3-12个月——宝宝最爱吃的断奶食品151道/《健康大讲堂》编委会主编. — 哈尔滨：黑龙江科学技术出版社，2013.10

ISBN 978-7-5388-7731-1

Ⅰ.①3… Ⅱ.①健… Ⅲ.①婴幼儿－食谱 Ⅳ.①TS972.162

中国版本图书馆CIP数据核字（2013）第243979号

3-12个月——宝宝最爱吃的断奶食品151道
3-12GEYUE BAOBAO ZUIAICHIDE DUANNAI SHIPIN 151DAO

主　　编	《健康大讲堂》编委会
责任编辑	侯文妍
封面设计	景雪峰
出　　版	黑龙江科学技术出版社
	地址：哈尔滨市南岗区建设街41号　邮编：150001
	电话：（0451）53642106　传真：（0451）53642143
	网址：www.lkcbs.cn　　　www.lkpub.cn
发　　行	全国新华书店
印　　刷	深圳市东亚彩色印刷包装有限公司
开　　本	711mm×1016mm　1/16
印　　张	12
字　　数	100千字
版　　次	2013年12月第1版　2013年12月第1次印刷
书　　号	ISBN 978-7-5388-7731-1/R・2233
定　　价	29.80元

【版权所有，请勿翻印、转载】